O EDIFÍCIO ATÉ SUA COBERTURA

Blucher

HÉLIO ALVES DE AZEREDO

Assistente Docente da disciplina Prática de Construção Civil
na Escola Politécnica da Universidade de São Paulo;
Professor Associado do Centro Estadual de Educação Tecnológica Paula Souza;
e Diretor Técnico da Divisão do Quadro do Departamento
de Obras Públicas do Estado de São Paulo

O EDIFÍCIO
ATÉ SUA COBERTURA

2.ª edição revista

O edifício até sua cobertura
© 1997 Hélio Alves de Azeredo
2ª edição – 1997
16ª reimpressão – 2019
Editora Edgard Blücher Ltda.

Blucher

Rua Pedroso Alvarenga, 1245, 4º andar
04531-934 – São Paulo – SP – Brasil
Tel.: 55 11 3078-5366
contato@blucher.com.br
www.blucher.com.br

É proibida a reprodução total ou parcial
por quaisquer meios sem autorização
escrita da editora.

Todos os direitos reservados pela Editora
Edgard Blücher Ltda.

FICHA CATALOGRÁFICA

Azeredo, Hélio Alves de
   O edifício até sua cobertura/ Hélio Alves
de Azeredo – 2ª edição – São Paulo: Blucher, 1997.

Bibliografia.
ISBN 978-85-212-0129-8

1. Construção I. Título.

77-0789   CDD-690

Índices para catálogo sistemático:
1. Construção: Tecnologia   690
2. Edifícios: Construção: Tecnologia   690

Conteúdo

Prefácio   1

Capítulo 1. INTRODUÇÃO   1
Estudos preliminares   2
Anteprojeto   9
Projeto   9

Capítulo 2. CANTEIRO DE OBRAS   12
Terraplenagem   12
Canteiro de obras   17
Ligação de água   17
Ligação elétrica   20
Distribuição de áreas para materiais não-perecíveis   20
Construções   22
Locação da obra   24

Capítulo 3. FUNDAÇÕES   29
Fundações diretas   29
Sapata corrida ou contínua, simples   29
Sapata corrida ou contínua, armada   33
Radier   34
Sapata isolada   34
Fundações indiretas ou profundas   35
Estacas   36
Estacas moldadas "in loco"   40
Tubulões   47

Capítulo 4. CONCRETO ARMADO   53
Qualidades dos materiais   53
Dosagem   57
Tensões mínimas   64
Consistência   65
Amassamento   65
Transporte   70
Lançamento   74

Adensamento do concreto 76
Cura 78
Armadura para concreto 78
Fôrmas de madeira para estruturas de concreto armado de edifícios comuns   82
Descrição 83
Utilização 92

Capítulo 5. ALVENARIA 125
Tijolos de barro cozido 125
Blocos vazados de concreto simples 135
Concreto celular 137
Tijolo de vidro 141

Capítulo 6. TELHADO 142
Sambladuras 142
Tesoura 144
Cobertura 153

Bibliografia 179
Índice 181

Prefácio

A finalidade deste trabalho é orientar os alunos de cursos de Engenharia Civil na tecnologia da construção de edifícios. O engenheiro deverá estar na obra em contato permanente com os operários, mestre e encarregado, o que hoje em dia dificilmente acontece devido à rapidez das construções, assim como ao volume de obras. Como conseqüência desse fato, não existe mais aquela formação, ministrada pelo engenheiro, seguindo a seqüência de servente a pedreiro, de pedreiro a estucador, de estucador a mestre, etc. Para mandar é preciso saber, não há necessidade de executar, mas de conhecer a perfeita tecnologia da execução nos seus mínimos detalhes e não no âmbito geral. Deve-se criar escola dentro da própria obra, dando formação tecnológica aos artífices. O que se nota atualmente, é que os próprios operários se autopromovem nas diversas especialidades herdando os vícios de seus superiores imediatos, até atingirem a posição de mestre e encarregado, abaixando conseqüentemente o padrão de qualidade da obra.

Devido ao grande volume de obras e à escassez de operários da construção civil que abrange do servente aos especializados, atualmente o que se encontra são elementos que saem da lavoura e se dirigem para os grandes centros, à procura de melhores condições de ganho. Surge a necessidade do ensinamento artesanal da construção civil, artesanato que ainda existe e que tende a desaparecer com as indústrias dos pré-fabricados.

capítulo 1

INTRODUÇÃO

Entendemos por *construção civil* a ciência que estuda as disposições e métodos seguidos na realização de uma obra sólida, útil e econômica; por *obra* todos os trabalhos de engenharia de que resulte criação, modificação ou reparação, mediante construção, ou que tenham como resultado qualquer transformação do meio ambiente natural; por *edifício* toda construção que se destina ao abrigo e proteção contra as intempéries, dando condições para desenvolvimento de uma atividade.

Para construir um edifício necessitamos da colaboração do arquiteto e do construtor. As atribuições do arquiteto é a criatividade, concepção e aproveitamento do espaço; cabe a ele entre outras atividades a de elaborar a) os estudos preliminares, b) o anteprojeto e c) o projeto. Ao construtor cabe materializar o projeto, construindo o edifício.

ESTUDOS PRELIMINARES

No estudo preliminar são focalizados os aspectos social, técnico e econômico, a localização do lote e suas características, as características de uso, as opções possíveis, as avaliações de custo e de prazo.

Para esse estudo, o projetista deverá dirigir-se ao local e fazer identificação do lote medindo a testada e o perímetro do mesmo, verificar a área de localização e a situação do lote dentro da quadra (medidas do lote às esquinas), medidas de ângulos se for o caso, orientação do lote com relação à linha NS.

Anotar os números das casas vizinhas ou mais próximas do lote, para eventual identificação, verificar se existe rede elétrica, rede de água, rede de esgoto, rede de gás, cabos telefônicos na via pública, tipo de pavimentação existente na rua e largura da mesma, e nível econômico das construções vizinhas.

1 — Não existindo rede de água, haverá a necessidade de colher informações dos vizinhos, que possam dirimir dúvidas no projeto, como a profundidade média dos poços, quantidade de água no período da seca e a qualidade da água.

2 — Verificar o tipo de solo existente: se é natural, aterro ou depósito de lixo, se possui "olhos d'água" (nascentes) e fazer uma avaliação.

3 — A mão-de-obra local é de grande importância na elaboração da peça "orçamento", pois, dependendo do local, a mão-de-obra será difícil (zonas industriais). Exemplo: a área do ABCD, onde as indústrias automobilísticas absorvem quase a totalidade da disponibilidade da mão-de-obra local. Existem também zonas em que a mão-de-obra flutua, dependendo da época do ano. São regiões onde predomina a agricultura, que utiliza os chamados "bóias-frias". Fora da safra, eles oferecem trabalho a baixo custo. No entanto, na época de safra, corte de cana ou colheita de fruta, esse trabalho sobe assustadoramente, desequilibrando o orçamento.

Se a construção for fora da capital, informar-se a respeito dos meios de transportes, da capacidade do comércio de materiais de construção e da rede bancária local.

Devem ser tomadas as seguintes providências imediatas.

Limpeza do terreno — a limpeza do terreno é necessária para maior facilidade de trabalho no levantamento plano-altimétrico, permitindo obter-se um retrato fiel de todos os acidentes do terreno, assim como para os serviços de reconhecimento do subsolo (sondagens). Para se fazer a limpeza do terreno pode-se carpir, roçar ou destocar, de acordo com o que exige a vegetação. *Carpir* quando a vegetação é rasteira e com pequenos arbustos, usando para tal, unicamente a enxada. Deve-se juntar o mato após a carpa, removê-lo ou queimá-lo em um canto do lote. *Roçar* quando além da vegetação rasteira houver árvores de pequeno porte, que poderão ser cortadas com foice. *Destocar* quando houver árvores de grande porte, necessitando desgalhar, cortar ou serrar o tronco e remover parte da raiz. Esse serviço pode ser feito com máquina de grande porte ou manualmente com machado, serrote e enxadão.

Levantamento plano-altimétrico — no qual deverão constar: 1) a poligonal; 2) as curvas de níveis, geralmente deverão ser de 0,50m em 0,50m, de acordo com a inclinação do terreno. Em terreno muito acidentado os espaçamentos poderão ser maiores, na ordem de 1,00m. Em terrenos de pouco caimento (quase plano), as curvas de níveis deverão ser de maior precisão, ordem de 0,10m, para o projeto do

Introdução

escoamento das águas pluviais; 3) as dimensões perimetrais; 4) os ângulos dos lados; 5) a área; 6) a fixação do RN (referencial de nível); 7) as construções existentes; 8) as árvores; 9) as galerias de águas pluviais ou o esgoto; 10) os postes e seus respectivos números (mais próximos do lote); 11) as ruas adjacentes; 12) o croqui de situação, com o aparecimento da via de maior importância ou qualquer obra de maior vulto (igreja, ponte, viaduto, etc.) do loteamento ou do bairro e 13) a fixação da linha NS.

Os levantamentos topográficos geralmente são feitos com teodolito e níveis.

Entretanto em certas circunstâncias haverá necessidade de se fazer um levantamento expedito com as ferramentas próprias do pedreiro, ou seja, trena, metro ziguezague, nível de pedreiro, nível de borracha, fio de prumo e barbante ou arame recozido, como no exemplo de um terreno irregular apresentado na Fig. 1.1.

Mede-se os lados *AB, AC, BC*. Conhecidos esses elementos pode-se desenhar o triângulo *ABC*. Do mesmo modo para o triângulo *CBD*. Os ângulos ficarão determinados se forem medidas as distâncias *AS* (parcial de *AB*), *AR* (parcial de *AC*) e *RS*. Ter sempre o cuidado de medir no plano horizontal. Quando a inclinação do terreno for muito acentuada, procura-se escalonar em distâncias pequenas como na Fig. 1.2. Na altimetria usam-se duas balizas, ou duas réguas, sendo que uma é fixada a uma altura, geralmente 1,0 m, que chamaremos de *gabarito*. Coloca-se a primeira baliza no ponto 1 que servirá de RN (Fig. 1.3) de acordo com a extensão do nível de borracha,

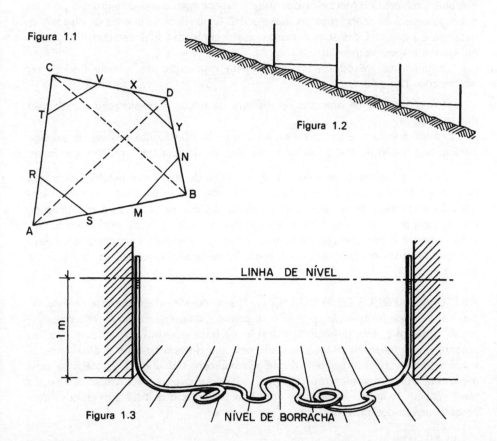

Figura 1.1

Figura 1.2

Figura 1.3 — NÍVEL DE BORRACHA

4   O EDIFÍCIO ATÉ SUA COBERTURA

podemos ir colocando a segunda baliza nos diversos pontos levantados pela planimetria. Se o comprimento do nível de borracha for pequeno, faremos por partes.

O "nível de borracha" é uma mangueira de plástico transparente, de diâmetro pequeno, da ordem de $\varnothing\,1/4''$, para se obter maior sensibilidade. Enche-se essa mangueira de água — é de bom alvitre colorir a água para melhor visibilidade — e tapa-se-lhe as extremidades colocando-se uma delas na primeira baliza, no ponto 1-RN na altura do gabarito. A outra extremidade é colocada no ponto 2, apoiada na segunda baliza, na posição vertical tanto quanto possível. Procura-se destampar os orifícios da mangueira sem que a água do interior da mesma aflore; para tanto procura-se elevar ou abaixar a extremidade do ponto 2, até obter o equilíbrio da água no interior da mangueira. Mede-se a distância do chão até o nível de água da mangueira no ponto 2, a diferença dessa medida com a altura fixada como gabarito (1,00 m) na baliza 1 será o desnível entre os pontos 1 (RN) e 2.

Se a medida da baliza 2 for maior que a do RN, significa que o ponto 2 é mais baixo em relação ao nosso RN. O inverso, isto é, se a medida do ponto 2 for menor, significa que o mesmo está mais alto que o nosso RN. O processo se repete nos diversos pontos.

Reconhecimento do subsolo — sondagens — O primeiro requisito para se abordar qualquer problema de Mecânica dos Solos consiste num conhecimento tão perfeito quanto possível das condições do subsolo, isto é, no reconhecimento da disposição, natureza e espessura das suas camadas, assim como das suas características, nível de água e respectiva pressão.

Os principais métodos empregados para exploração do subsolo podem ser classificados nos grupos:

a) Com retirada de amostras — abertura de poços de exploração e execução de sondagens;

b) Ensaios *in loco* — auscultação, ensaios de bombeamento, ensaios de palheta, medida de pressão neutra, prova de carga, medida de recalque e ensaios geofísicos.

Quanto às amostras de solo, isto é, a porção de solo representativa da massa da qual ela foi extraída, distinguimos as *deformadas* que se destinam apenas à identificação e classificação do solo e as *indeformadas* que se destinam à execução de ensaios para determinação das propriedades físicas e mecânicas do solo. Considera-se nessa amostra a conservação de textura, estrutura e umidade, perdendo-se, entretanto, as pressões confinantes, isto é, o estado de tensão a que estava submetida a amostra.

ABERTURA DE POÇOS DE EXPLORAÇÃO. É, sem dúvida, a técnica que melhor satisfaz aos fins de prospecção, pois não só permite uma observação *in loco* das diferentes camadas como, também, a extração de boas amostras. O seu emprego, no entanto, encontra-se, na prática, limitado pelo seu elevado custo, o qual o torna, às vezes, economicamente proibitivo, exigindo onerosos trabalhos de proteção a desmoronamentos e esgotamento de água, quando a prospecção descer abaixo do nível freático. Tem sido empregado em obras de vulto, que justificam grandes despesas com estudos prévios.

Introdução

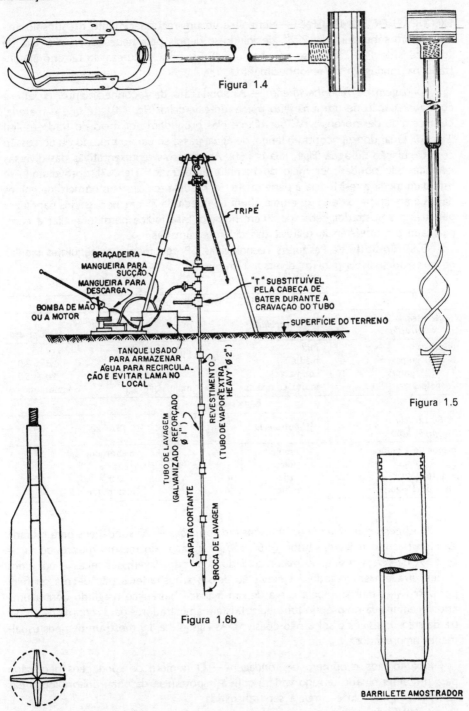

Figura 1.4

Figura 1.5

Figura 1.6b

Figura 1.6a

Figura 1.7

6 O EDIFÍCIO ATÉ SUA COBERTURA

EXECUÇÃO DE SONDAGENS — Normalmente um reconhecimento do subsolo, inicia-se com sondagem de $\emptyset\,2''$, decidindo-se depois pela necessidade, ou não, de sondagens de $\emptyset\,6''$, tendo-se em vista o vulto da obra, natureza do terreno encontrado na sondagem de reconhecimento.

Sondagem de reconhecimento — As sondagens de reconhecimento iniciam-se com a execução de um furo feito por trado-cavadeira (Fig. 1.4), até que o material comece a se desmoronar; daí por diante elas progridem por meio do trado espiral (Fig. 1.5). Quando se encontra o lençol de água, passa-se para o método de percussão com circulação de água (Figs. 1.6a e 1.6b). As amostras representativas das diversas camadas são obtidas por meio do barrilete amostrador (Fig. 1.7), aproveitando-se este para medir a resistência à penetração. Tal medida refere-se ao número de golpes dados com um peso de 65 kg e uma altura de queda de 75 cm, necessários para fazer penetrar o amostrador cerca de 30 cm no solo. Esse índice permite avaliar a compacidade ou consistência relativa das diversas camadas.

O IPT (Instituto de Pesquisas Tecnológicas, SP) recomenda as seguintes tabelas de taxas admissíveis para os diversos terrenos.

AREIAS E SILTES			
Resistência à penetração	*Compacidade*	*Taxa kg/cm^2*	
		Areia fina	*Areia grossa*
6 golpes	fofa	menor que 1,0	1,5
6 a 10 golpes	média	1,0 a 2,5	1,5 a 3,0
11 a 25 golpes	compacta	2,5 a 5,0	3,0 a 5,0
25 golpes	muito compacta	maior que 5,0	maior que 5,0
ARGILAS			
Resistência à penetração	*Consistência*	*Taxa kg/cm^2*	
menos de 4 golpes	mole	menor que 1,0	
5 a 8 golpes	média	1,0 a 2,0	
9 a 15 golpes	rija	2,0 a 3,5	
mais de 15 golpes	dura	maior que 3,5	

Sondagens com retirada de amostras indeformadas — As sondagens para retirada de amostras indeformadas (tubo $\emptyset\,6''$) são executadas do mesmo modo que as de $\emptyset\,2''$. A diferença reside no maior cuidado com que devem ser feitas e nos tipos de amostragem empregados. A cravação desses amostradores não deverá ser feita por percussão, mas sim, pela carga de um macaco hidráulico reagindo contra uma ancoragem fixada no próprio tubo-guia. Existem amostradores para retirada de amostra de solos coesivos e solos não-coesivos. As Figs. 1.8 e 1.9 mostram os tipos usualmente empregados.

Profundidade e número de sondagens — O número de sondagens necessário para um determinado terreno variará com a importância da obra, uniformidade das camadas do subsolo e carga a ser transmitida.

A ABNT recomenda para a profundidade mínima uma vez e meia a menor dimensão da área construída, quando essa dimensão for inferior a 25 m, ou uma vez,

Introdução

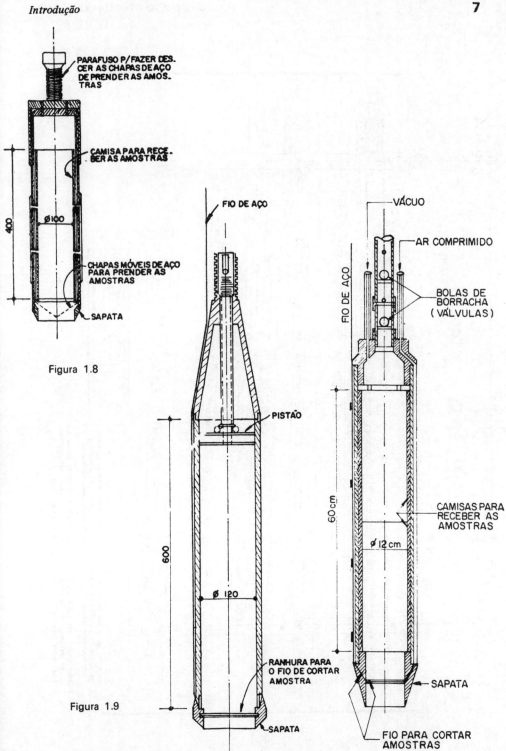

Figura 1.8

Figura 1.9

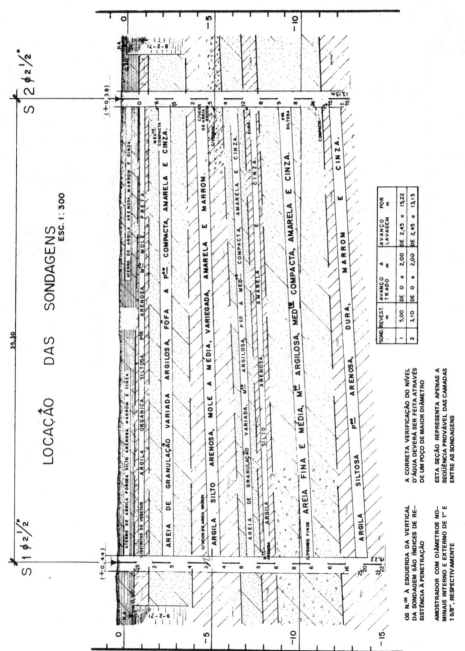

Figura. 1.10

Introdução 9

quando for maior que 25 m. Para o número de furos, o mínimo dois furos para cada 200 m² de área ocupada e três furos para a área ocupada entre 200 a 400 m². Com relação à profundidade e ao número de furos (sondagens), não é possível definir regras gerais, devendo-se, em cada caso, atender a natureza do terreno e as características da obra a ser executada.

Apresentação dos resultados de um serviço de sondagem — Os resultados de uma sondagem são sempre acompanhados de um relatório com as seguintes indicações: a) planta de situação dos furos; b) perfil de cada sondagem com as cotas de onde foram retiradas as amostras; c) classificação das diversas camadas e os ensaios que permitiram classificá-las; d) nível de terreno e dos diversos lençóis de água com a indicação das respectivas pressões; e e) resistência à penetração do barrilete amostrador indicando as condições em que a mesma foi tomada (diâmetro do barrilete, peso do pilão e altura de queda).

Na Fig. 1.10 ilustram-se um perfil individual de uma sondagem e um perfil geral do terreno. As amostras retiradas deverão ser encaminhadas, a laboratório, em vidros de boca larga numerados e lacrados com parafina, para não haver perda de água.

ANTEPROJETO

Feito o estudo preliminar passa-se à elaboração do anteprojeto, para a qual necessitamos mais os seguintes elementos:

1) Uso permitido do edifício (plano diretor do município): a) residencial, b) comercial, c) industrial, d) recreativo, e) religioso, f) outros usos.

2) Densidade populacional do edifício: a) avaliação para cada uso (plano diretor do município) e b) área construída prevista.

3) Gabarito permitido (código de obras do município): a) altura do edifício; b) recuos (frente, fundo e laterais); c) coeficiente de ocupação do lote; e d) coeficiente de aproveitamento do lote.

4) Elementos geográficos naturais do local: a) latitude; b) meridiano (orientação magnética); c) regime de ventos predominantes; d) regime pluvial; e) regime de temperatura.

Os desenhos nessa fase podem ser esquemáticos, mas devem ser completos e definidos claramente, de modo a permitir uma avaliação de custo e de prazo. As peças apresentadas são plantas, cortes esquemáticos e elevação.

PROJETO

O projeto é conseqüência direta do anteprojeto. Compõe-se de duas partes distintas: partes gráficas e partes escritas.

Partes gráficas — que constam das seguintes peças: a) planta; b) cortes, transversais e longitudinais; c) fachadas; d) detalhes arquitetônicos; e) infra e superestruturas — de concreto, de madeira e metálicas; f) instalações elétricas; g) instalações hidrossanitárias; h) impermeabilizações; e i) cronograma físico-financeiro.

PLANTA — é a projeção horizontal da seção reta passando em determinada cota. Pode ser de quatro tipos:

10   O EDIFÍCIO ATÉ SUA COBERTURA

1) *Planta baixa ou dos pavimentos* — é a projeção horizontal da seção reta passando acima do peitoril ou a 1,00 m aproximadamente acima do piso. Nesse plano secante são assinalados por convenções, espessuras das paredes, larguras e posições dos vãos, espécies de revestimento dos pisos, dimensões, disposições dos aparelhos sanitários, etc. Todos os elementos são cotados. Por exemplo, janela 0,80/1,0 m, onde o numerador representa a largura e o denominador a altura do vão.

2) *Planta de cobertura* – representa a projeção horizontal das formas dos planos inclinados (águas), cujas intersecções são figuradas por traços contínuos. O sentido de declividades dessas águas é indicado por meio de pequenas setas.

3) *Planta de situação* — é a que estabelece a posição do edifício dentro do lote, fixando os recuos e alinhamentos.

4) *Planta de locação* — é a que fixa as cotas dos elementos da fundação e infraestrutura com relação às divisas do terreno e ao alinhamento da via ou das vias públicas.

CORTES — são projeções verticais dos cortes feitos num edifício por planos secantes igualmente verticais, de modo a representar as partes internas mais importantes, obtendo-se um desenho das diferentes alturas de peitoris, janelas, portas, vigas, espessura das lajes dos pisos, do forro, dos telhados e dos alicerces. Usam-se no mínimo dois cortes, um longitudinal e um transversal. O primeiro é o correspondente ao sentido do maior comprimento da edificação. O segundo tem a direção perpendicular ao primeiro, utilizando-se tantos cortes que se fizerem necessários, para melhor esclarecimento do projeto.

FACHADAS — são projeções verticais dos exteriores do edifício, apanhando todos os elementos dentro da configuração total.

DETALHES — são desenhos de dimensões ampliadas de certos elementos do edifício, para melhor interpretação.

ESTRUTURAS — são expressas por desenhos cotados e dimensionados de todos os elementos estruturais da obra como alvenaria, madeira (telhados, fôrmas*), concreto armado e aço (ferragens).

INSTALAÇÕES ELÉTRICAS — são expressas por desenhos e esquemas com bitolamento dos fios e conduítes das redes elétricas, telefônicas, antenas, etc., e a fixação de pormenores necessários à perfeita interpretação do projeto.

INSTALAÇÕES HIDROSSANITÁRIAS — são expressas por desenhos, esquemas e perspectivas com cotas e dimensionamentos das redes de água fria, água quente, gás, esgoto e captação de águas pluviais, e a fixação de pormenores necessários à perfeita interpretação do projeto.

IMPERMEABILIZAÇÃO — deve-se obedecer as normas da ABNT

CRONOGRAMA FÍSICO-FINANCEIRO — é um calendário gráfico tão rigoroso quanto possível onde se prevê a época dos eventos das atividades e estabelece também as datas dos suprimentos financeiros. Para elaboração do cronograma há necessidade de conhecermos a) a quantidade dos diversos serviços, b) o coeficiente de produção, c) o equipamento a ser utilizado, d) as disponibilidades financeiras e e) a

Introdução

metodização dos trabalhos.

Partes escritas — que constam das seguintes peças: 1) especificação, 2) memorial e 3) orçamento.

1) *Especificações* — a) *de material* — conjunto de condições mínimas a que devem satisfazer os materiais para uma determinada obra ou serviços. b) *de serviços* — determinação para execução de serviços, visando o estabelecimento de padrões de qualidade.

2) *Memorial* — é uma exposição detalhada do projeto, descrevendo as soluções adotadas, e a justificativa das opções, as características de materiais, os métodos de trabalho.

3) *Orçamento* — é a parte escrita que estabelece o custo provável da obra. Nele constam as unidades, as quantidades, os preços unitários e os custos parcial e total.

Após as atividades essencialmente de gabinete, passamos a atividades de canteiro de obra.

capítulo 2

CANTEIRO DE OBRAS

TERRAPLENAGEM

Obra de terra que tem por fim modificar o relevo natural de um terreno e que consiste em 3 etapas distintas, ou seja, escavação, transporte e aterro. A terraplenagem aplicada em preparo do terreno para edificações, geralmente de pequeno vulto, comparada com a aplicada em estradas, barragens, etc. Adota-se a expressão *movimento de terra* explicitamente na área da construção de edifícios, onde a preocupação maior é a saída e entrada de terra no canteiro, deixando em segundo plano como é feita a escavação, carregamento, caminho seguido para o aterro ou escavação. Movimento de terra é a parte da terraplenagem que se dedica ao transporte, ou seja, entrada ou saída de terra do canteiro de obras. O movimento de terra pode ser de quatro tipos

1) *Manual* — Dizemos que o movimento de terra é manual quando é executado pelo homem através das ferramentas: pá, enxada e carrinho de mão.

2) *Motorizado* — Quando são usados para o transporte, caminhão ou basculante, sendo que o desmonte ou a escavação poderá ser feita manualmente ou por máquinas. Ex: "traxcavator", "draglines".

3) *Mecanizado* — Quando a escavação, carregamento e transporte é efetuado pela própria máquina. Ex: "traxcavator", "scraper", "turnapull".

4) *Hidráulico* — Quando o veículo transportador de terra é a água. Por exemplo, dragagem. O movimento de terra mecanizado é utilizado em obras industriais de desenvolvimento horizontal.

No movimento de terra devemos considerar o empolamento. Quando se move a terra do seu lugar natural, o seu volume em geral aumenta. A proporção de aumento de cada tipo de material pode ser estabelecida, consultando-se uma tabela de propriedade de materiais. O empolamento ou aumento de volume é expresso geralmente, por uma porcentagem do volume original. Por exemplo, se um aumento volumétrico de argila seca for de 40%, isso significa que 1,00 m^3 de argila, no estado natural (antes da escavação), encherá um espaço de 1,40 m^3 no estado solto (depois de escavado).

Canteiro de obras

$$\text{Fator de conversão} = \frac{\text{kg/m}^3 \text{ material solto}}{\text{kg/m}^3 \text{ material no corte}}.$$

Podemos também dizer que é igual à relação de metros cúbicos de material no corte por metros cúbicos de material solto.

$$\text{Fator de conversão} = \frac{\text{m}^3 \text{ material no corte}}{\text{m}^3 \text{ material solto}}.$$

Definido o fator de conversão, determinaremos a porcentagem de empolamento que é dado pela expressão:

$$\text{porcentagem de empolamento} = \left(\frac{1}{\text{fator de conversão}} - 1 \right) \times 100.$$

CARACTERÍSTICAS APROXIMADAS DE ALGUNS MATERIAIS COMUMENTE
ENCONTRADOS EM OBRAS

Material	kg/m³ *corte*	kg/m³ *solto*	% *empo- lamento*	*Fator de conversão*
Argila	1 722	1 261	40	0,72
Argila com pedregulho seco	1 607	1 151	40	0,72
Argila com pedregulho molhado	1 836	1 322	40	0,72
Terra comum seca	1 564	1 251	25	0,80
Terra comum molhada	2 008	1 606	25	0,80
Areia seca solta	1 607	1 430	12	0,89
Areia molhada compacta	2 088	1 856	12	0,89
Pedregulho $\varnothing$ 1,0 a 5,0 cm seco	1 895	1 687	12	0,89
Pedregulho $\varnothing$ 1,0 a 5,0 cm molhado	2 255	2 007	12	0,89

Em qualquer serviço de terraplenagem ou movimento de terra as máquinas locomovem-se, executando um *ciclo* regular de trabalho carregam e transportam o material, fazem o seu despejo e tornam a voltar para o lugar em que começaram a carregar o material.

CICLO — É o tempo necessário para carregar, transportar e voltar ao lugar inicial. O tempo de ciclo compreende duas partes definidas a seguir.

1) *Tempo fixo* — é o tempo necessário para uma máquina carregar o material, descarregá-lo no basculante, fazer a volta, acelerar e desacelerar. O tempo para executar essas operações é mais ou menos constante, seja qual for a distância que o material deva ser transportado.

2) *Tempo variável* — é o tempo consumido pela máquina ou basculante, na estrada ou em vias públicas, para transportar o material e voltar vazio para o ponto inicial. Varia com a distância do corte ao aterro ou ao bota-fora e com a velocidade de locomoção do equipamento, da intensidade do trânsito nas vias públicas. Portanto, o tempo de ciclo é igual ao tempo fixo mais o tempo variável. O tempo de ciclo determina o número de viagens que pode ser efetuado por hora, portanto ele deve ser conservado a um mínimo.

Providências a serem tomadas para reduzir o tempo fixo: a) sempre que possível, organizar o serviço de modo que o carregamento seja feito da parte mais alta para a mais baixa; b) eliminar o tempo de espera; c) em alguns casos a desagregação do solo é uma necessidade para maior facilidade no carregamento.

Para reduzir o tempo variável é preciso planejar cuidadosamente a localização das estradas e vias de transporte. Não obstante a linha reta ser a distância mais curta entre dois pontos, convém, algumas vezes, dar voltas para evitar rampas fortes e congestionamento.

PRODUÇÃO — viagens por hora e metros cúbicos por viagem determinam a produção das máquinas. Conhecendo-se o tempo de ciclo, que é a soma dos tempos fixos e variáveis, calcula-se o número de viagens por hora.

$$\text{Viagens por hora} = \frac{60 \text{ min}}{\text{Tempo do ciclo (minuto)}}.$$

A produção horária é calculada conhecendo-se o número de viagens ou ciclo por hora.

Produção horária (m^3 medidos no corte) = m^3 por viagem (medido no corte) × × viagens por hora.

Vejamos agora algumas características de algumas máquinas comumente empregadas em movimento de terra, na preparação do terreno para construção do edifício.

Figura 2.1

Pás mecânicas. Quando os conjuntos transportadores são carregados por meio de pá mecânica, é preciso calcular o número de conjuntos necessários para conservar a pá mecânica trabalhando todo o tempo. Para isso, é preciso assumir que a pá mecânica trabalhe os 60 min de cada hora, pois do outro modo não se teria a certeza de que a capacidade dos conjuntos de transportes seria adequada todo o tempo. O número de conjuntos de transportes necessários podem ser encontrado por meio da seguinte expressão:

$$\frac{\text{número de conjuntos}}{\text{necessários}} = \frac{\text{Produção da pá mecânica}/m^3/h \text{ medido no corte}}{\text{Produção dos conjuntos de transporte} \ (m^3/h \text{ medido no corte})}.$$

As condições que influem no rendimento da pá mecânica são:

a) curva que faz a lança em seu movimento giratório para alcançar o caminhão;
b) tipo do material com que se trabalhe;
c) o tamanho da caçamba da pá mecânica;
d) a profundidade de escavação.

Canteiro de obras

PRODUÇÃO HORÁRIA DA PÁ MECÂNICA, EM m³ MEDIDO NO CORTE

Terra úmida ou argila cremosa	85	115	165	205	250	285	320	355	405	435
Areia, pedregulho	80	110	155	200	230	270	300	330	390	420
Terra comum	70	95	135	175	210	240	270	300	350	380
Argila dura	50	75	110	145	180	210	235	265	310	335
Argila molhada e pegajosa	25	40	70	95	120	145	165	185	230	250
Capacidade da caçamba em m³	0,29	0,38	0,58	0,77	0,96	1,15	1,35	1,50	1,90	2,1

"Draglines". O rendimento deste tipo de máquina é calculado do mesmo modo pelo qual se calcula a produção da pá mecânica.

Figura 2.2

PRODUÇÃO HORÁRIA, EM m³, MEDIDO NO CORTE

Terra úmida ou argila arenosa	79	95	130	160	195	220	245	265	305
Areia e pedregulho	65	90	125	155	185	210	235	255	295
Terra comum	55	75	105	135	165	190	210	230	265
Argila dura	35	55	90	110	135	160	180	195	230
Argila molhada e pegajosa	20	30	55	75	95	110	130	145	175
Tamanho da caçamba	0,29	0,38	0,58	0,77	0,96	1,15	1,35	1,5	1,9

"Traxcavators". Para se calcular o rendimento de um traxcavators em um serviço de escavação de fundações e porões, supõe-se a existência das seguintes condições:

a) profundidade média de escavação, 1,8 m;
b) distância de manobra para carregamento no conjunto de transporte, 10,00 m.

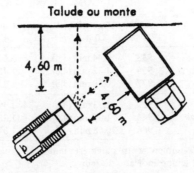

Figura 2.3

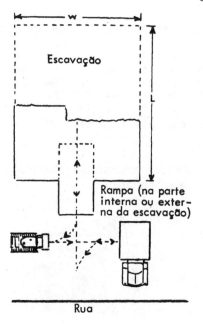

Figura 2.4

O rendimento de carregamento com traxcavators de esteira ou de roda é baseado e computado em análises de trabalho. A máquina em geral trabalha em solo firme e em nível. O trajeto de traxcavators tem forma de "V" com lados de 4,60 m, com um ângulo máximo de giro de 90º.

TEMPO DE CICLO DO "TRAXCAVATORS" A CADA CAÇAMBADA

	Esteira			Rodas		
	933	955	977	922	944	966
Capacidade da caçamba	0,86 m³	1,34 m³	1,91 m³	0,96 m³	1,53 m³	2,10 m³
Tempo fixo	0,35 min	0,25 min	0,25 min	0,2 min	0,2 min	0,2 min
Tempo total do ciclo	0,61 min	0,44 min	0,44 min	0,332 min	0,337 min	0,340 min

TEMPO NECESSÁRIO PARA CARREGAR UM CAMINHÃO
COM "TRAXCAVATORS"

		Caminhão de 3,0 a 3,5 m³	Caminhão de 4,5 a 5 m³	Caminhão de 7,5 m³
Esteiras	933	2,44 min (3,4)	3,66 min (5,1)	5,49 min (7,7)
	955	1,32 min (4,0)	1,76 min (5,3)	2,64 min (8,0)
	977	0,88 min (3,8)	1,32 min (5,7)	1,76 min (7,6)
Rodas	922	1,33 min (3,8)	1,99 min (5,7)	2,66 min (7,7)
	944	1,01 min (4,6)	1,35 min (6,2)	1,69 min (7,8)
	966	0,68 min (4,2)	1,02 min (6,3)	1,36 min (8,4)

Obs. Os números entre parênteses indicam a capacidade máxima da caçamba para o tempo indicado ao lado

Canteiro de obras

RENDIMENTO EM m³ DE MATERIAL SOLTO CARREGADO EM CAMINHÕES

		Caminhão de 3,0 a 3,5 m³	Caminhão de 4,5 a 5 m³	Caminhão de 7,5 m³
	933	74 m³/h	74 m³/h	
Esteiras	955	136 m³/h	153 m³/h	171 m³/h
	977	205 m³/h	205 m³/h	256 m³/h
	922	158 m³/h	151 m³/h	158 m³/h
Rodas	944	210 m³/h	222 m³/h	268 m³/h
	966	265 m³/h	300 m³/h	310 m³/h

CANTEIRO DE OBRAS

Iremos aqui abordar o canteiro de obras, para somente edificações, deixando de lado os grandes canteiros de usinas hidrelétricas, obras de grande porte e estradas. Nosso objetivo é fornecer um método de preparação e organização de um canteiro de obras, que lhe dê condições de trabalho. Consideremos que o terreno esteja limpo e com o movimento de terra executado. O canteiro deverá ser preparado de acordo com a previsão de todas as necessidades, assim como a distribuição conveniente do espaço disponível e obedecerá as necessidades do desenvolvimento da obra. Poderá ser feito de uma só vez ou em etapas independentes, de acordo com o andamento dos serviços. No canteiro devemos considerar:

1) ligações de água e energia elétrica;
2) distribuição de áreas para materiais a granel não perecíveis;
3) construções — a) armazém de materiais perecíveis, b) escritório, c) alojamento, d) sanitário;
4) distribuição de máquinas;
5) circulação;
6) trabalhos diversos.

LIGAÇÃO DE ÁGUA

Admitindo-se a existência de rede de água na via pública, devemos providenciar a construção do abrigo, cavalete com o respectivo registro, dentro das normas fixadas pela repartição competente.

Apresentamos os gabaritos fixados pela atual Sabesp, assim como instruções para pedido de ligação. Obs.: É sempre necessário confirmar na referida empresa se não houve alterações. Sua localização deverá ser:

a) afastada da entrada do lote no máximo 1,50 m;
b) de fácil acesso para inspeção por parte da concessionária;
c) com percurso simples de caminhamento entre o cavalete e os reservatórios, caso a ligação seja no futuro usada para o abastecimento;
d) com distância máxima de 7,00 m do portão de entrada.

POÇO OU CISTERNA — Não existindo rede de água na via pública e nem nas proximidades, tirando a possibilidade de prolongamento da rede, o abastecimento de água para a obra e futuramente para o edifício será abrir um poço de água ou cisterna. O poço de água poderá ser:

A — EXIGÊNCIAS PARA A FORMALIZAÇÃO DO PEDIDO DE LIGAÇÃO

1 — O ABRIGO E CAVALETE PODERÃO ESTAR LOCALIZADOS:
   a) - JUNTO OU ATÉ 7,0m. (PARA A ESQUERDA OU PARA A DIREITA) DA ENTRADA PRINCIPAL; E
   b) - JUNTO OU ATÉ 1,5m. DO ALINHAMENTO DO TERRENO.
2 — A POSIÇÃO DO ABRIGO E CAVALETE, DENTRO DAS MEDIDAS PERMITIDAS NO ITEM 1, PODERÁ SER PERPENDICULAR OU PARALELA AO ALINHAMENTO PREDIAL.
3 — O ABRIGO E CAVALETE DEVERÃO ESTAR LOCALIZADOS DE MANEIRA A PERMITIR SEMPRE O LIVRE ACESSO.
4 — O NÚMERO DO IMÓVEL DEVERÁ ESTAR CORRETO E AFIXADO EM LOCAL VISÍVEL.
5 — ABRIGO E CAVALETE INSTALADOS NAS POSIÇÕES PERMITIDAS CONFORME ESPECIFICAÇÕES ABAIXO.

B — FORMALIZAÇÃO DO PEDIDO DE LIGAÇÃO

1 — O PEDIDO DE LIGAÇÃO PODERÁ SER FORMALIZADO EM QUALQUER *UNIDADE DE ATENDIMENTO DA SABESP*, PESSOALMENTE OU POR TELEFONE.
2 — CASO HAJA DÉBITO ANTERIOR, A CONCESSÃO DA LIGAÇÃO SOMENTE OCORRERÁ APÓS O RESPECTIVO PAGAMENTO.
3 — O VALOR REFERENTE À LIGAÇÃO PODERÁ SER INCLUÍDO EM CONTA.

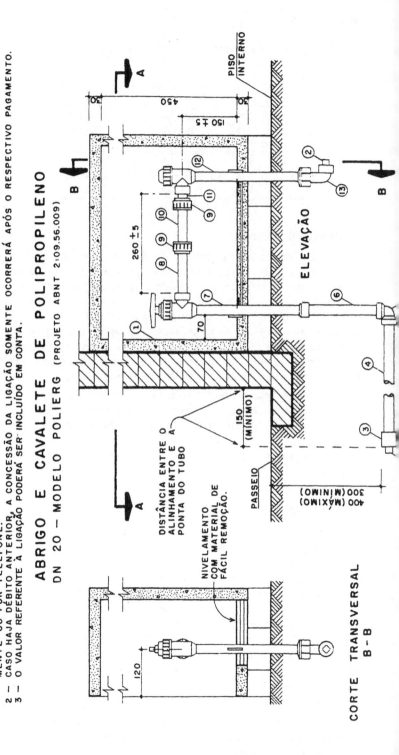

ABRIGO E CAVALETE DE POLIPROPILENO
DN 20 - MODELO POLIERG (PROJETO ABNT 2:09.56.009)

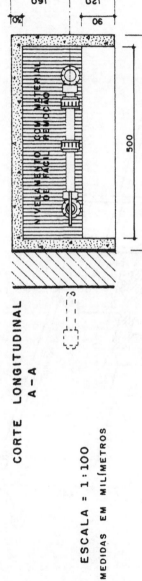

CORTE LONGITUDINAL
A-A

ESCALA = 1:100

MEDIDAS EM MILÍMETROS

NOTAS

1 — A INSTALAÇÃO DO ABRIGO É OBRIGATÓRIA.

2 — A PORTA DO ABRIGO NÃO É OBRIGATÓRIA; SE COLOCADA NÃO PODERÁ LIMITAR AS MEDIDAS INTERNAS LIVRES.

3 — COMPLEMENTAÇÕES DO TUBO E CONEXÕES PARA CONEXÃO DA LIGAÇÃO NA POSIÇÃO ESPECIFICADA SOB O PASSEIO, DEVERÁ SER FEITA COM MATERIAL PADRÃO NBR 5648 (PVC RÍGIDO ROSCÁVEL).

RELAÇÃO DOS MATERIAIS - DIÂMETRO DE 20mm. (3/4")

ITEM	DISCRIMINAÇÃO	QUANT.
1	ABRIGO DE CONCRETO OU ALVENARIA	1
2	PLUG COM ROSCA	2
3	LUVA PVC COM ROSCA, ⌀ 3/4"	1
4	TUBO PVC COM ROSCA, ⌀ 3/4" x L=450 mm.	1
5	JOELHO 90GR PP COM ROSCA, ⌀ 3/4"	1
6	TUBO PVC COM ROSCA, ⌀ 3/4" x L=230 mm.	1
7	CORPO DE ENTRADA DO CAVALETE, EM PP	1
8	TUBETE PROLONGADO, EM PP	1
9	PORCA DO TUBETE, EM PP	2
10	TUBO ESPAÇO HIDRÔMETRO MONOJATO 1,5 m³/h.	1
11	TUBETE, EM PP	1
12	CORPO DE SAÍDA DO CAVALETE, EM PP	1
13	COTOVELO EM PP COM ROSCA, ⌀ 1" x 3/4"	1

OBS. 1 - UTILIZAR FITA VEDA-ROSCA SOMENTE NOS MATERIAIS ITEM 4 e 6
2 - COMPLETAM O CONJUNTO 2 GUARNIÇÕES DO TUBETE, PADRÃO SABESP.

CÓD. 11.672.728 - 7

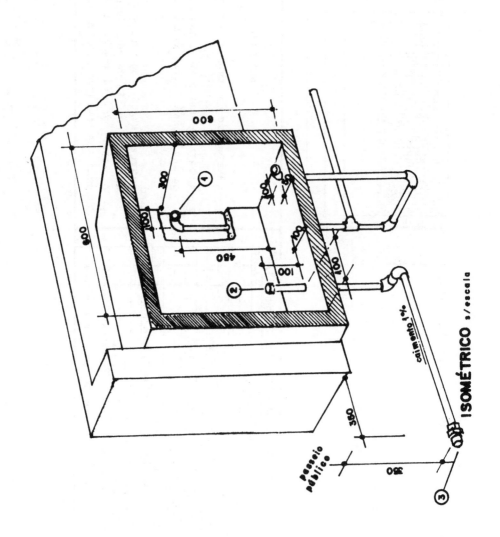

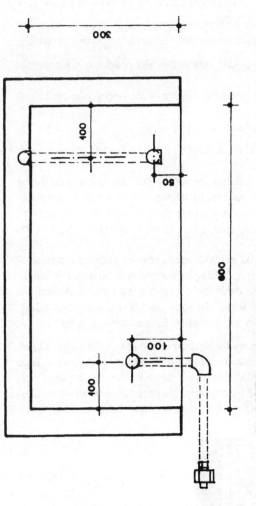

PLANTA escala 1 : 7,5

NOTAS

① COTOVELO DE 90° 1"
② ESPERA 1"
③ UNIÃO COM ASSENTO DE BRONZE 1"

ABRIGO PARA MEDIDOR — GD 006 (ENTRADA À ESQUERDA)

OBSERVAÇÕES

- SEGUIR RIGOROSAMENTE AS MEDIDAS DO ABRIGO
- A PORTA DO ABRIGO EXTERNO DEVERÁ SER VENTILADA
- USAR TUBO GALVANIZADO (MÉDIO OU PESADO), ou
- COBRE (C/ESPESSURA DE PAREDE SUPERIOR A 0,8mm)
- O VEDANTE DEVERÁ SER DO TIPO PASTOSO OU FITA
- O PEDIDO PARA INSPEÇÃO OU ORIENTAÇÃO DEVERÁ SER FEITO NA PRÓPRIA COMGÁS.

COMGAS

a) *arteziano* — quando a água se encontra abaixo da camada impermeável e sem necessidade de bombeamento;

b) *semi-arteziano* — quando a água se encontra abaixo da camada impermeável e há necessidade de bombeamento para que ela surja na superfície;

c) *lençol freático* — quando a água se encontra acima da camada impermeável.

Para abertura de um poço de água provenientes de lençol freático devemos ter cuidado com sua localização; para tanto devemos tomar os seguintes cuidados:

a) que seja o mais distante possível das fundações do prédio e construções existentes;

b) que seja o mais distante possível de fossas sépticas e de poços negros, a uma distância mínima de 15 m.

c) que seja um local de pouco trânsito.

Geralmente a localização do poço é nos fundos da obra, deixando a frente para a construção posterior da fossa séptica.

A água é trazida para frente, onde geralmente está localizado o canteiro (usina de concreto e amassador), por meio de tubulação provisória ou simplesmente por mangueira de borracha. O operário que executa esse tipo de serviço, o "poceiro", não faz parte do quadro normal da obra; esse é um serviço especializado, fora de rotina.

Os poços normalmente possuem 0,80 a 1,00 m de diâmetro podendo excepcionalmente ter até 2,00 m de acordo com a utilização e consumo de água. A capacidade de um poço é definida por metro de altura de água armazenada. Assim, um poço de 0,80 m de diâmetro, com uma altura de água de 1,00 m, tem capacidade de 500 litros aproximadamente. Deverão ser tomados os cuidados a seguir.

1) O poço deverá ser revestido para evitar desbarrancamento ou erosão lateral. Emprega-se comumente tijolo de barro cozido colocado de espelho em crivo a seco (sem argamassa) (Fig. 2.5) com finalidade de diminuir a carga no fundo do poço, pois do contrário o lençol freático seria vedado pela carga do próprio revestimento. Costuma-se também, empregar como revestimento anéis ou tubo de concreto, sendo este o mais trabalhoso.

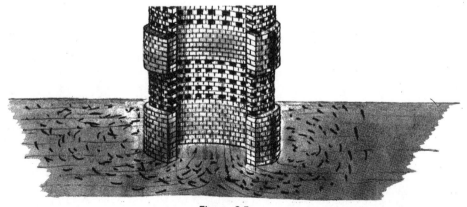

Figura 2.5

2) No fundo do poço, após encontrar o lençol freático, constrói-se uma cambota de alvenaria de um tijolo de espessura, assentada com argamassa de cimento e areia no traço de 1:4, ou argamassa mista de cimento e areia 1:4/12. Essa cambota tem por finalidade evitar a erosão provocada pelo próprio lençol de água e obrigar a água penetrar no poço pelo fundo e irá também, suportar o revestimento das paredes do poço.

3) No fundo, geralmente coloca-se uma camada de pedra britada ou carvão vegetal como proteção da válvula de pé do tubo de sucção do conjunto motor e bomba.

4) Se o poço é profundo costuma-se executar uma cambota intermediária para aliviar a carga do revestimento (Fig. 2.6).

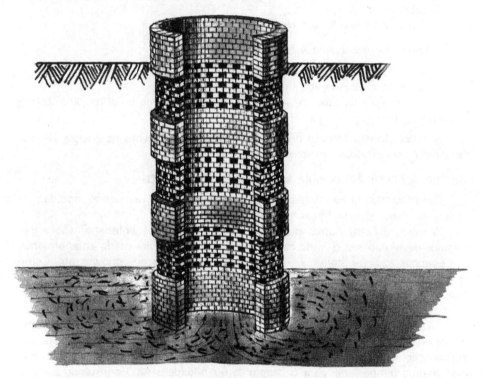

Figura 2.6

5) Construção de uma cambota superior na "boca" do poço (superfície do terreno) que deverá aflorar uns 30,0 cm da cota do piso, com finalidade de proteção das águas de chuva, sujeiras, águas de lavagens, etc.

6) Construção de calçada em volta da cambota, evitando-se penetração das águas.

7) Construção de tampa de concreto armado, vedando o poço, deixando somente uma abertura para eventuais inspeções, abertura essa que deverá ter tampa de fácil manuseio.

8) Retirada de amostra de água para exame.

LIGAÇÃO ELÉTRICA

Para ligação de rede elétrica, devemos encaminhar carta à concessionária, solicitando estudo e orçamento, juntando planta do prédio a ser construído, endereço da obra, potência a ser instalada no canteiro e potência do maior motor empregado. Esclarecer que a ligação é provisória, assim como se a ligação será aérea ou subterrânea. Providenciar a instalação para receber a ligação.

A instalação para ligação aérea será

a) poste de cano de ferro fundido;
b) altura de 6,00 m fora do chão e 1,00 m enterrado;
c) conduíte de $\emptyset$ 1 1/2''*;
d) cabo n.º 2*;
e) caixa de chapa de aço tipo "L" (padronizada).

A instalação para ligação subterrânea será

a) cano de $\emptyset$ 3 1/2'' de ferro galvanizado até a testada do lote;
b) caixa de chapa de aço tipo "M" (padronizada);
c) a colocação da caixa deverá ser tal, que fique acima do piso 1,50 a 2,00 m, a contar da face superior da referida caixa.

A concessionária fornece normas de instalações e ligações de energia elétrica. Para cada concessionária existem normas próprias.

DISTRIBUIÇÃO DE ÁREAS PARA MATERIAIS NÃO-PERECÍVEIS

Consideramos como materiais não-perecíveis a areia, as pedras britadas, os tijolos, as madeiras e os ferros.

Na obra, existem outros materiais não-perecíveis, que entretanto são armazenados devido ao seu elevado custo em relação ao material citado anteriormente, por exemplo, azulejos, conexões e tubos de ferro galvanizado conduíte, etc. Como esses materiais são aplicados quando a obra já está em fase de cobertura, vedos concluídos, são armazenados dentro da própria obra, evitando-se a construção de um barracão maior.

Areia — No andamento da obra, precisamos ter o controle diário de consumo de materiais, assim como produção da mão-de-obra para cada serviço, para a devida apropriação. Assim podemos ter no canteiro um depósito para armazenar a areia e ao mesmo tempo servir para cubagem da quantidade gasta. Construindo um cercado de madeira (tábua de pinho), com o fundo em tijolo ou mesmo em madeira, para evitar o contato direto com o solo, com a dimensão aproximada de uma carroceria de caminhão (5,00 × 2,30 × 0,60 m).

Tomaríamos as dimensões de 5,00 m × 2,00 m como referentes à base, e a altura de 1,00 m na frente, por onde é feita a descarga dos caminhões, e a altura de 0,70 m, e no fundo, onde são alimentados a betoneira e o amassador. Cotaríamos de 10,0 cm em 10,0 cm, dois cantos opostos ou duas faces internas para efeito de cubagem (Fig. 2.7). Esse cercado tem a capacidade de aproximadamente 6,00 m^3 de areia, donde podemos calcular que 1,00 m^3 de areia ocupa uma área de 2,00 m^2 de terreno.

*De acordo com a potência a ser instalada

Canteiro de obras

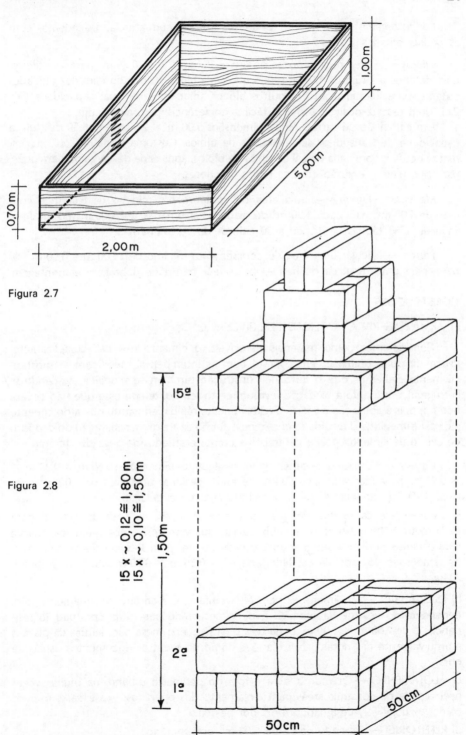

Figura 2.7

Figura 2.8

22 O EDIFÍCIO ATÉ SUA COBERTURA

Pedras britadas — Do mesmo modo que fizemos com a areia, procedemos com as pedras britadas.

Tijolos — A área para depósito de tijolos de barro é de 0,25 m² para 250 tijolos, considerando a altura de 1,65 m sendo que cada bloco é coroado com dez unidades esparsas para identificação dos outros blocos adjacentes de igual capacidade (Fig. 2.8). Com essa disposição torna-se fácil a conferência pelo almoxarife.

Um caminhão de carroceria de dimensões 5,00 m × 2,30 m = 11,50 m², tem a capacidade de transportar seis milheiros de tijolos. Costuma-se pintar, ou simplesmente borrifar, com água de cal as pilhas de tijolos, após cada descarga do caminhão, para não haver confusão com as pilhas anteriores.

Madeiras — Designa-se uma área de comprimento mínimo de 6,00 m e com base de 1,00 m², para cada 1,00 m³ de madeiras arrumadas, até 2,00 m³ no máximo. Equivale a 60 tábuas de 1″, ou a 30 caibros de 10/10 cm/m².

Ferros — Calcular uma área de comprimento mínimo de 15,00 m e 0,50 m² de base, para uma tonelada de barras, inclusive a banca de dobragem e montagem.

CONSTRUÇÕES

a) ARMAZÉNS PARA MATERIAIS PERECÍVEIS

Consideramos como materiais perecíveis, o cimento e a cal, cujas características físicas e químicas, em contato com as intempéries, modificam-se substancialmente. Sabemos que o ferro de construção também se modifica, oxidando-se (ferrugem), entretanto a oxidação leva um certo tempo, tempo esse que não deverá ocorrer, pois a aplicação do ferro é relativamente rápida, enquanto que a do cimento e da cal é imediata. Um cuidado que se deve ter no canteiro é a separação do depósito de cal do de cimento, pois a cal trabalha como retardador da pega do cimento.

Cimento — Um saco de cimento tem as seguintes dimensões: 0,65 m × 0,35 m × × 0,15 m, pesando cada saco 50 kg. Devemos designar uma área de 1,00 m² para cada 1500 kg, ou seja, 30 sacos, incluindo área de circulação.

Cal — Para cal extinta designar uma área abrigada, na base de 1,00 m² para cada metro cúbico. No caso de cal hidratada que vem com embalagem semelhante à do cimento, podemos designar uma área de 1,00 m² para 35 sacos de cal hidratada. As dimensões do saco de cal hidratada é de 0,55 m × 0,30 m × 0,10 m pesando 20 kg.

b) ESCRITÓRIO — As dimensões para almoxarifado e escritório, propriamente dito, dependem do volume da obra. O mínimo necessário para uma obra-padrão residencial é de 2,00 m × 3,00 m, onde terá uma pequena mesa para leitura de plantas e arquivamento das notas fiscais, cartões de ponto e outros documentos usuais da obra.

c) ALOJAMENTO — Quando a obra é fora do perímetro urbano, há muitas vezes necessidade de construir áreas para alojamento dos operários. Nesse caso, usamos cômodos coletivos, designando 4 m² por pessoa.

d) REFEITÓRIO — Cabendo cerca de 1,00 m² por operário.

Canteiro de obras **23**

e) SANITÁRIO(S) — Com área, por unidade, de 1,50 m² para vaso e chuveiro, com uma distribuição média de uma unidade para cada 15 operários.

Distribuição das máquinas — Para distribuir as máquinas, não existe critério fixo, mas sim, em função dos locais dos depósitos de circulação mínima possível considerando o abastecimento da máquina e do transporte para o local de aplicação do material preparado pela mesma, por fim, da área disponível e volume da obra.

Circulação — A circulação no canteiro é função principalmente do tipo de desenvolvimento da obra. Podemos ter obra que desenvolve no sentido horizontal, exemplo indústrias com linhas de montagens, outros no sentido vertical como prédios de apartamentos ou de escritórios. As obras que desenvolve horizontalmente, necessitam de grandes extensões de terreno para suas construções, entretanto, obras com desenvolvimento vertical, obtêm-se grandes áreas construídas em pequenos terrenos, desenvolvendo-se toda a construção verticalmente. Assim obras de desenvolvimento horizontal, necessitamos de maior área de circulação do canteiro, para distribuição e aplicação dos materiais, em alguns casos chega-se a construir vários canteiros para reduzir as extensões de transportes entre o armazenamento e o local de aplicação. Caso contrário são obras de desenvolvimento vertical onde o canteiro é concentrado e exige o mínimo de circulação pela própria característica da obra.

Trabalhos diversos — Reaproveitamento e tratamento de materiais deverão ser feitos desde que o custo da mão-de-obra exigida seja menor que o do produto no mercado.

Andaimes e proteções — Os andaimes deverão ser construídos a uma altura que permita o trabalho, ou seja, a mobilidade, o acesso de pessoas e materiais; devem ser bem firmes e bem escorados. Para grandes pés-direitos, externa e internamente, são aconselhados os andaimes tubulares metálicos. Os andaimes externos serão construídos com o maior cuidado, com as devidas amarrações, tendo-se o cuidado de usar tábuas que ultrapassam os vãos não se admitindo, em hipótese alguma, emendas no meio. O contraventamento é necessário e é feito a 45°, deve existir sempre guarda-corpo. Quando se usar "andaimes" suspensos (balancins), estes deverão ser perfeitamente fixados no pavimento superior, com proteção superior, com proteção lateral e as catracas e cabos devem estar em perfeito estado de conservação. Em zonas urbanas de grande movimento de pedrestres e quando os códigos e posturas municipais exigirem, será feito o encaixotamento do edifício com tábuas alternadas para evitar a queda de materiais no passeio. Nesse caso, deve sempre existir uma calha ou bandeja de proteção no teto do pavimento térreo e intermediários. O guincho ou a torre para elevação de materiais devem ser colocados de modo que fiquem o mais possível eqüidistantes dos pontos de distribuição de materiais; podem ser feitos de madeira ou de tubos de aço, devendo ser perfeitamente amarrados à estrutura para evitar ao máximo as oscilações. Em obras de grande porte é aconselhável o emprego de "torque" ou "grua" devido à sua grande mobilidade.

Em quaisquer desses casos a localização, sua execução e montagem devem ser atentamente observadas.

LOCAÇÃO DA OBRA

A obra deverá ser locada com rigor, observando-se o projeto quanto à planimetria e à altimetria. A locação será executada após observação da planta de fundação e utilizando-se quadros com piquetes e tábuas niveladas ("tabela", "curral") e fixados para resistirem a tensão dos fios sem oscilação e sem sair da posição correta. A locação será por eixos ou face de parede e centro das estacas. Dividimos a locação da obra nos dois tipos a seguir.

a) *Locação de estacas* — Devemos possuir uma planta de locação, cotada com aproximação de milímetros, elaborada pelo calculista, conforme a Fig. 2.9. Devemos lembrar que para transportar o bate-estacas, uma máquina extremamente pesada, deve-se arrastá-lo no terreno de um lugar para outro, o que iria desmanchar qualquer locação prévia das paredes. Deve-se notar a preocupação de se escolher uma origem para os eixos de coordenadas ortogonais e as distâncias marcadas sobre eles serão, portanto, acumuladas até a referida origem. No local providenciamos a colocação da tabela, conforme mostra a Fig. 2.10 formada de tábuas de pinho de 1" de espessura e pontaletes de 3" × 3". A largura da tábua de pinho poderá ser de 15,0, 20,0

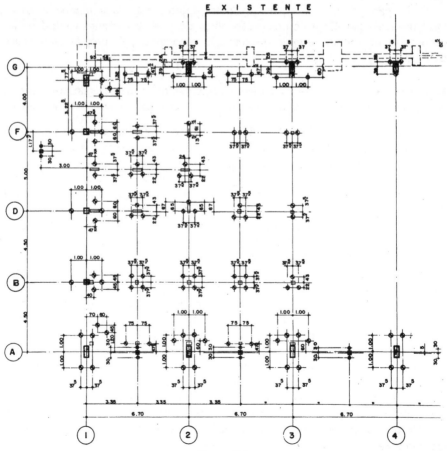

Figura 2.9

Canteiro de obras

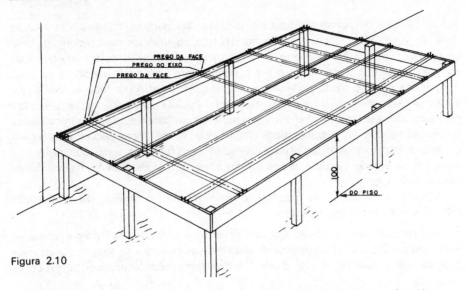

Figura 2.10

ou 30,0 cm de preferência de 20,0 ou 30,0 cm. A tábua deverá ser colocada inteiramente nivelada. Quando o terreno tiver caimento elevado, a tabela passará a ser em degraus, acompanhando a configuração do mesmo, mas sempre em planos horizontais nivelados. Sobre a tábua na sua espessura serão medidas as diversas distâncias marcadas na planta de locação, fixando-se com pregos 18 × 27 ou 17 × 21 os mesmos pontos nos lados opostos do retângulo ou dos lados paralelos. Isso faz com que uma estaca exija a colocação de quatro pregos sobre a tábua como mostra a Fig. 2.11. A estaca X tem seu local fixado pela interseção de duas linhas esticadas: uma dos pregos 1-2 e outra dos pregos 3-4. Caso existam diversas estacas no mesmo alinhamento, o mesmo par de pregos servirá para todas elas, tomando-se o cuidado de numerar as estacas pertencentes ao mesmo par, na face da tábua onde está o prego. Depois de terminada a pregagem, iremos esticando linhas, duas a duas, e escrevendo o número das estacas correspondentes, as interseções estarão no mesmo prumo do local escolhido ou determinado pelo projeto para a cravação da estaca. Porém, como o cruzamento das linhas poderá estar muito acima da superfície do solo, por intermédio de um prumo, levamos a vertical até o chão (Fig. 2.10) e nele cravamos uma pequena estaca de madeira (piquete) geralmente de peroba com seção de 2,5 × 2,5 cm e 15,0 cm de comprimento. Esse piquete deverá ser aprofundado abaixo do nível do terreno (Fig. 2.12) e posteriormente deverá ser jogada água de cal no buraco, para sua fácil identificação.

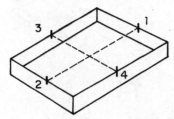
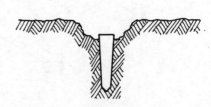

Figura 2.11   Figura 2.12

b) *Locação de paredes* — Tanto a locação das paredes como a das estacas deve, de preferência, ser executada por técnico, agrimensor ou engenheiro. Uma locação mal feita trará desarmonia entre o projeto e a execução, cujas conseqüências poderão ser bem graves. Caso se possa contar com um mestre-de-obras de certa capacidade, quando muito poderíamos aceitar o seu trabalho de locação desde que a mesma seja por nós verificada nas suas partes básicas (esquadros perfeitos e comprimentos totais exatos). Ao marcarmos as posições das paredes, devemos inicialmente fazê-lo pelo eixo e, em seguida, medir o tijolo que vai ser empregado na obra e marcarmos, a partir do eixo, as duas extremidades ou faces do tijolo que definem a espessura da parede. Geralmente nas plantas as espessuras das paredes não conferem com a realidade.

Quanto ao processo de fixação dos alinhamentos no terreno, são conhecidos dois processos expostos a seguir.

1) Processo dos cavaletes. Os alinhamentos são fixados por pregos cravados em cavaletes. Estes são constituídos de duas estacas cravadas no solo e uma travessa pregada sobre elas (Fig. 2.13a), deve-se evitar tanto quanto possível tal processo,

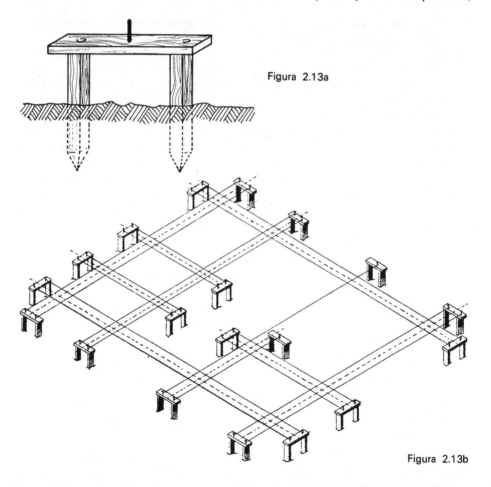

Figura 2.13a

Figura 2.13b

Canteiro de obras 27

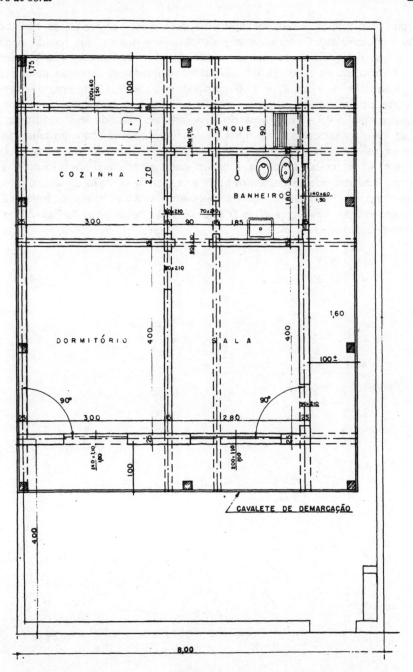

Figura 2.14

28 O EDIFÍCIO ATÉ SUA COBERTURA

porque os cavaletes podem ser facilmente deslocados por batidas de carrinhos de mão, pontapés, etc. Deslocando-se o cavalete sem que tal seja notado, a parede ficará fora do alinhamento previsto, assim como o nivelamento será precário.

2) Processo da tábua corrida ou tabela. Consiste na cravação de pontaletes de pinho de 3" × 3" ou 3" × 4" distanciados entre si de 1,50 m aproximadamente, e afastados das futuras paredes cerca de 1,50 m. Nos pontaletes serão pregadas tábuas de pinho sucessivas formando uma cinta em volta da área construída. A locação deve ser procedida com trena de aço. Para perfeito esquadro entre dois alinhamentos, devemos usar o teodolito, ou triângulo, formado por lados de 4,00 m e 3,00 m e hipotenusa de 5,00 m. É hábito ainda, ao terminarmos a locação, estendermos linha em dois alinhamentos finais e verificar a exatidão do ângulo reto com o aparelho. Se o primeiro e o último esquadros estão perfeitos, os intermediários também estarão, salvo engano, facilmente visíveis e retificáveis. As Figs. 2.10 e 2.14, mostram o processo da tabela.

capítulo 3
FUNDAÇÕES

Fundações são os elementos estruturais destinados a transmitir ao terreno as cargas de uma estrutura. Um dos critérios adotados para classificar os vários tipos de fundação é dividi-los em dois grandes grupos:

a) fundações diretas ou rasas.
b) fundações indiretas ou profundas.

Apresentamos na p. 30 uma subdivisão dos diferentes tipos de fundações.

FUNDAÇÕES DIRETAS

São aquelas em que a carga da estrutura é transmitida ao solo de suporte diretamente pela fundação. O dimensionamento da área necessária para o elemento da fundação deve satisfazer as condições essenciais a seguir.

1) O centro de gravidade da fundação deve coincidir com o centro de gravidade do elemento transmissor de carga.

2) Tendo P a carga a transmitir e p a pressão admissível do terreno, a área necessária será dada por $S = P/p$.

3) Solução mais econômica.

SAPATA CORRIDA OU CONTÍNUA, SIMPLES

Constatada a existência de terreno firme a uma profundidade relativamente pequena e que a altura do elemento de fundação não está sujeita a limitações, o critério econômico é o de blocos escalonados em alvenaria (Fig. 3.1). A execução dos degraus deve ser feita de modo a obedecer um ângulo de 45°, para que o bloco trabalhe à compressão simples. Nas sapatas contínuas simples, geralmente a profundidade não deve ultrapassar a 1 m, caso contrário, o trabalho torna-se antieconômico.

EXECUÇÃO — Na execução das sapatas contínuas ou corridas simples devemos proceder conforme segue.

O EDIFÍCIO ATÉ SUA COBERTURA

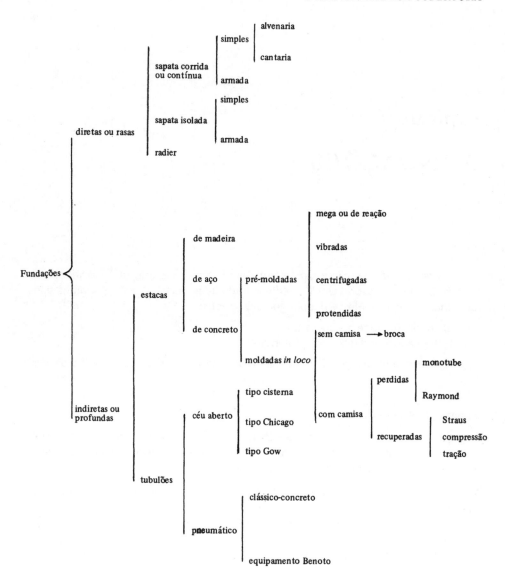

Fundações

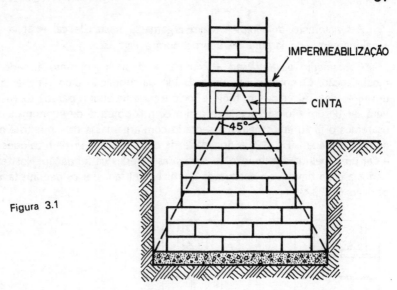

Figura 3.1

Abertura das cavas — Definido a largura e a profundidade em função da carga e da sondagem, procedemos a abertura das cavas removendo o material escorrido para fora ou por dentro, conforme a necessidade de aterro interno ou não.

a) O fundo da cava deverá estar em nível, mesmo que o terreno seja inclinado, nesse caso escalonamos em degraus (Fig. 3.2).

b) A profundidade a escavar deverá ser descontado uns 10,0 cm, aproximadamente, da cota prevista. Essa diferença será conseguida com o apiloamento do fundo da cava.

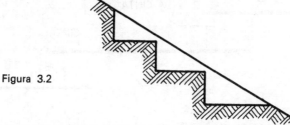

Figura 3.2

c) Apiloamento do fundo da vala ou cava com maço de 30 a 50 kg. Com esse artifício conseguimos um adensamento das diversas camadas do terreno, diminuindo-se os seus vazios e aumentando relativamente sua taxa de trabalho original. Deve-se repetir pelo menos duas vezes em toda a extensão da fundação.

d) Após o apiloamento, regularizar o fundo da cava.

Lastro de concreto magro — Executá-lo (consumo aproximado de cimento da ordem de 150 kg de cimento/m^3 de concreto) na espessura de 5,0 cm. A finalidade desse lastro é tirar o contato direto do tijolo com o solo, uniformizar a superfície do solo.

Assentamento de tijolos — Com argamassa mista de cal e areia 1:4/12 com escalonamento de largura de acordo com a Fig. 3.2.

Coroamento da fundação — Executar a cinta de concreto armado e a impermeabilização. O coroamento ou respaldo da fundação para receber a parede de um tijolo deverá ser de um tijolo e meio e para receber a parede de meio tijolo deverá ser de um tijolo. Procede-se assim com o objetivo de economizar fôrma, pois usaremos o tijolo em espelho, assentado com argamassa de cimento e areia de 1:4, como esclarece a Fig. 3.3. A finalidade da cinta é absorver os recalques diferenciais e dar uma melhor distribuição de carga das paredes na fundação. Nos terrenos inclinados a cinta deverá ser executada em nível e ultrapassar os degraus fazendo superposição (Fig. 3.4).

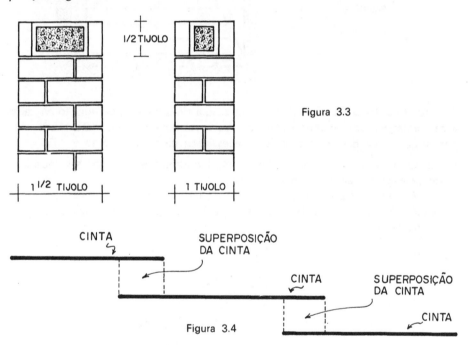

Figura 3.3

Figura 3.4

Passagem para o esgoto — Não esquecer de deixar passagem para a tubulação do esgoto.

Impermeabilização perfeita — A impermeabilização deverá ser perfeita e cuidadosa. Será executada em duas partes: 1) impermeabilizar na parte interna do aterro envolvendo a cinta de concreto armado; 2) na execução da alvenaria (elevação) acima do piso 30 cm, aproximadamente, impermeabilizar internamente e envolver o tijolo até a face externa (Fig. 3.5). A impermeabilização é feita com argamassa de cimento e areia no traço de 1:4 com adição de impermeabilizante, na proporção recomendada pelo fabricante. Deverá esse revestimento ser desempenado e queimado à colher. A ABNT em seus estudos referente à impermeabilização, recomenda que o revestimento não seja queimado à colher e nem à desempenadeira de aço.

Fundações

Figura 3.5

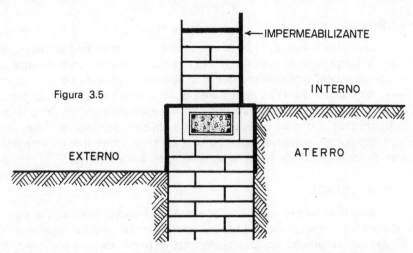

A impermeabilização não deverá ser muito espessa, para evitar retração e, conseqüentemente, fissuramento. Essa espessura não deve ultrapassar a 5 mm. Quando o solo é excessivamente úmido, costuma-se executar a fundação com rachões de pedra, (blocos irregulares) concreto ciclópico. Colocam-se as pedras em camadas e preenchem-se os vazios com argamassa de cimento e areia no traço 1:4 ou 1:2, bem fluida, e assim sucessivamente. Nesse caso a execução da cinta deverá ser com fôrmas, não tirando entretanto a possibilidade da execução como no caso anterior com canaletas de tijolo em espelho.

SAPATA CORRIDA OU CONTÍNUA, ARMADA

Quando a existência de terreno firme ultrapassa a profundidade de 1,00 m ou a largura for excessiva, torna-se antieconômico executar a fundação em alvenaria (tijolos) com escalonamento, pois, aumenta a carga da própria fundação como encarece o seu preço. A solução, nesse caso, é a sapata corrida armada, que se caracteriza fundamentalmente, por resistir à flexão (Fig. 3.6).

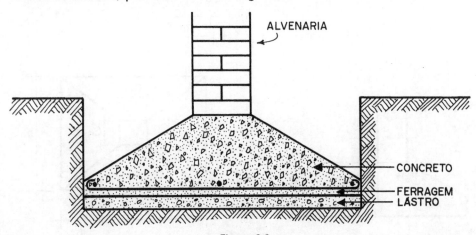

Figura 3.6

RADIER

Recorre-se a esse tipo de fundação quando o terreno é de baixa resistência (fraco) e a espessura da camada do solo é relativamente profunda. Estando a camada resistente a uma profundidade que não permite a cravação de estacas, devido ao pequeno comprimento das mesmas, e por ser onerosa a remoção da camada fraca de solo, optamos pela construção do *radier*, que consiste em formar uma placa contínua em toda a área da construção com o objetivo de distribuir a carga em toda a superfície, a mais uniformemente possível, para tanto constrói-se em concreto armado com armadura cruzada na parte superior e na parte inferior.

SAPATA ISOLADA

Quando o terreno apresenta boa taxa de trabalho e a carga a ser suportada pelo terreno é relativamente pequena, costumam-se executar sapatas isoladas que poderão ser simples ou armadas, em formato de tronco de pirâmide, interligadas entre si por vigas baldrames (Fig. 3.7). O critério mais econômico para o dimensionamento

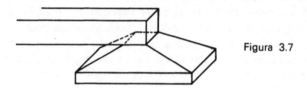

Figura 3.7

das sapatas, consiste em procurar um par de valores *a* e *b*, que, além de satisfazer a condição $S_{nec} = a \times b$, permita o uso da mesma ferragem em ambas as direções. Existem vários critérios de cálculo para sapatas. Um deles consiste em se admitir a sapata dividida em quatro trapézios e a pressão na base da sapata distribuída uniformemente; os momentos fletores são obtidos multiplicando-se a área de cada trapézio pela taxa do terreno e pelo braço da alavanca (Fig. 3.8). Na igualdade dos momentos nas direções opostas, obtém-se a seguinte fórmula para o lado *a*:

$$a = \frac{c - c_1}{2} + \sqrt{S + \left(\frac{c - c_1}{2}\right)^2}.$$

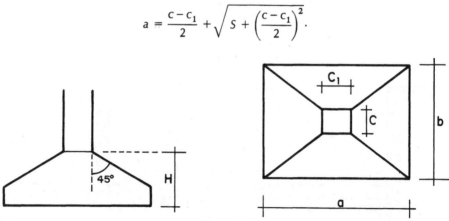

Figura 3.8

A determinação da altura H é feita considerando-se o efeito de punção. Modernamente, admite-se, por verificações experimentais, que o ângulo, segundo o qual se dá o rompimento da sapata seja de 45º com a vertical. Desse modo, a expressão aproximada que dá o valor da altura é $H \cong 0{,}076(\sqrt{P_t - p_m})$, onde P_t corresponde à carga do pilar em toneladas e $p_m = 2(c + c_1)$ corresponde ao perímetro do pilar em metros. Esse valor de H baseia-se nas taxas admitidas segundo a NB-1.

Sapatas de divisa — A coincidência dos centros de gravidade do pilar e do elemento de fundação não pode ser conseguida no caso de uma sapata isolada correspondente a um pilar de divisa. O fato de a sapata não poder penetrar no terreno vizinho, dá lugar ao que se denomina uma fundação excêntrica, sujeita a um momento que tende a romper a coluna. Se a carga do pilar for pequena, por exemplo, um pilar de residência, pode-se executar uma sapata conforme é indicado na Fig. 3.9, armando-se convenientemente o pilar, a fim de que possa resistir aos esforços de tração, provocados pelo momento que tende a girar a sapata no sentido indicado. Em se tratando de pilares com carga elevada como as de edifício, a melhor solução é associar o pilar de divisa a um pilar interno.

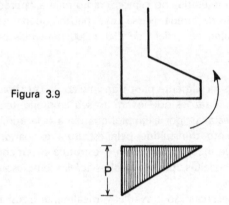

Figura 3.9

FUNDAÇÕES INDIRETAS OU PROFUNDAS

São fundações que têm o comprimento preponderante sobre a seção, são as estacas e os tubulões. Para a cravação das estacas o processo mais usual é o emprego dos bate-estacas, os quais podem ser divididos, de acordo com o martelo usado, nos seguintes grupos: bate-estacas de gravidade, de simples efeito e de duplo efeito.

Bate-estaca de gravidade — A energia para cravação da estaca é transmitida à mesma pela queda livre de um peso, de uma altura determinada. O peso é denominado martelo ou macaco e sua queda é, em geral, orientado através de duas guias laterais (Fig. 3.10). A cabeça das estacas devem ser protegidas por um cabeçote de ferro ou madeira, cuja finalidade é permitir uma distribuição uniforme das tensões dinâmicas, transmitidas pelo martelo. O máximo de eficiência desse tipo de bate-estacas é da ordem de 10 pancadas por minuto. O inconveniente desse bate-estacas é que a obtenção da nega fica muito a critério do operador, e de sua malícia na operação de queda do martelo.

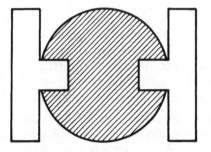

Figura 3.10

Bate-estacas de simples efeito — Nesse tipo o martelo desloca-se ao longo de um embalo fixo à estrutura do bate-estacas e é levantado pela ação de gases sob pressão, caindo só pelo próprio peso. A altura de queda é função da quantidade de gases da câmara. A eficiência obtida é de 40 a 50 pancadas por minuto.

Bate-estacas de duplo efeito — É uma variante aperfeiçoada do tipo anterior. Os gases sob pressão são injetados no cilindro, tanto para a operação de levantamento como para a operação de queda. Nesse caso, não há queda livre e a freqüência de cravação é muito maior, da ordem de 250 a 300 pancadas por minuto.

ESTACAS

São utilizadas, essencialmente para transmissão de cargas a camadas profundas do terreno. Duas são as razões que levam ao seu emprego, técnicas e econômicas. É preferido o uso de estacas, por exemplo, quando a taxa admissível do terreno for inferior ao carregamento transmitido pela estrutura e quando a fundação direta ficar sujeita a recalque incompatível com a estrutura a ser construída. Quanto ao esforço a que estão sujeitas, podemos classificá-las em: estacas de compressão, de tração e de flexão.

Normalmente as estacas são cravadas verticalmente e trabalham à compressão, entretanto as estacas-pranchas trabalham à flexão.

Estacas de madeira — São feitas de madeira roliça ou com seção uniforme, descascada, com diâmetro de 18,0 a 35,0 cm e comprimento de 5,00 a 8,00 m, devendo ser reta, tolerando-se uma curvatura de 1 a 2% do comprimento, resistente, barata e de fácil aquisição. No Brasil, a madeira mais utilizada é o eucalipto. As estacas de madeira oferecem as seguintes vantagens: a) não oferecem problemas de transporte e manuseio, b) corte fácil, c) facilidade de serem obtidas em comprimentos variáveis, d) emenda fácil e e) baixo custo.

As desvantagens da utilização das estacas de madeira são relacionadas com sua durabilidade. A madeira é sujeita ao apodrecimento, causado por um fungo aeróbio, cujo desenvolvimento depende da coexistência de ar e água. Assim, as estacas de madeira devem estar sempre submersas. Uma variação do nível da água acarretará um enfraquecimento na zona de transição entre o nível da água e o ar. A vida média de uma estaca de madeira, no caso de um rebaixamento do lençol de água, é de 8 a 10 anos. As estacas de madeira suportam cargas da ordem de 10 a 15 t. Quando estamos terminando a cravação, mede-se a penetração da estaca para

Fundações

os dez últimos golpes. A essa penetração chamamos *nega*. Essa medição tem dupla finalidade, a primeira é constatar se todas as estacas estão atingindo determinada camada resistente e a segunda é obter dados para cálculo da capacidade de carga, pela aplicação das fórmulas chamadas dinâmicas. O conceito de nega está ligado à altura de queda e ao peso do martelo, do tipo de bate-estacas, e à velocidade das batidas. Usando o bate-estacas por gravidade, o pilão deve pesar 500 kg para uma queda de 1,50 m. As fórmulas mais comumentes empregadas são:

a) *Sanders*,

$$R_d = \frac{Ph}{S},$$

sendo P o peso do martelo, h a altura da queda, S a nega e R_d a resistência à cravação.

b) *Brix*,

$$R = \frac{P^2 h p}{S(P + p)^2},$$

sendo P o peso do martelo, h a altura de queda, S a nega, p o peso da estaca e R a resistência total da estaca.

c) *Americana*,

$$R = \frac{Ph}{n + c},$$

sendo P o peso do martelo, h a altura da queda, n a nega, e c a constante, que é igual a 1, para bate-estacas comuns, e igual a 0,1, para bate-estacas a vapor.

Quando o comprimento da estaca não for suficiente para obtenção da nega, necessitamos emendá-la, para tanto a sambladura (emenda) deverá ser para esforços de compressão (Fig. 3.11).

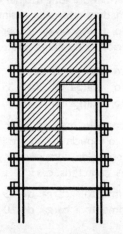

Figura 3.11

Figura 3.12

Estacas de aço — Em geral são constituídas de perfil metálicos na forma de "H" ou de duplo "T" de aba larga. Como solução apresentam as seguintes vantagens: a) facilidade de manuseio e transporte; b) facilidade de cravação, dada a espessura reduzida das chapas, cortam facilmente o terreno; c) são obtidas em qualquer comprimento, sem que haja qualquer tipo de perda; d) facilidade de corte e de emenda por meio de solda elétrica; e e) o atrito que se manifesta na cravação não é muito acentuado, pois a superfície que contribui para esse atrito é constituída pela parte externa das abas e pelas linhas pontilhadas (Fig. 3.12).

As desvantagens são a) sofrem violentamente o ataque de águas agressivas — o comportamento de uma estaca de aço em águas agressivas não é muito perigoso, desde que essas águas não estejam em movimento; em águas paradas, a conseqüente camada de ferrugem é suficiente para proteger a estaca, já em águas correntes a superfície oxidada é carreada expondo a estaca a outro ataque, e assim sucessivamente —, b) o seu preço proibitivo no Brasil.

Estacas de concreto armado, pré-moldadas — São peças de concreto armado, fabricadas no próprio canteiro da obra ou em indústrias especializadas, cravadas por meio de um bate-estacas, após o concreto atingir resistência satisfatória. A armação das estacas pré-moldadas de concreto armado, destina-se a absorver os momentos fletores, resultantes do levantamento da estaca, tanto para o transporte como para alçar na cravação, visto que o esforço de compressão é perfeitamente absorvido pelo concreto. Deve-se procurar fazer o levantamento da estaca por pontos que conduzam aos menores momentos, com máximo aproveitamento da ferragem, condição que é satisfeita quando igualamos o momento positivo ao negativo. A colocação do cabo para levantamento deve ser feita a 0,3L da cabeça da estaca, sendo L igual ao comprimento da estaca. Quando a estaca é de grande comprimento, prefere-se levantá-la por dois pontos, escolhidos de modo que os momentos negativos sejam iguais aos momentos positivos. De acordo com a fabricação, ferragem e forma, temos quatro tipos: vibrada, centrifugada, protendida e mega ou de reação.

Vibrada — Quando sua seção é quadrada, de cantos chanfrados, vibrada em mesa vibratória ou com vibrador manual de imersão, armadura longitudinal de aço comum estribada normalmente, possuindo na ponta armadura reforçada, assim como na cabeça (Fig. 3.13). Essa estaca pode trabalhar à tração, assim como receber cargas com pequena excentricidade; suas dimensões e capacidade de carga são:

20,0 × 20,0 cm, 4,00 a 10,00 m de comprimento, carga de 20 t;
25,0 × 25,0 cm, 4,00 a 14,00 m de comprimento, carga de 30 a 35 t;
30,0 × 30,0 cm, 4,00 a 10,00 m de comprimento, carga de 35 a 40 t.

*Cen*trifugada — Com seção circular, confeccionada pelo método de centrifu**gação à** alta velocidade; a armadura longitudinal é de aço especial de alta resistência **CA-50 e** o cintamento é duplo. A estaca pode ser apresentada com núcleo vasado (**Fig. 3.14**). Apresenta-se no comércio com as seguintes características:

25,0 cm de diâmetro, 4,00 a 14,00 m de comprimento, carga de 25 t;
40,0 cm de diâmetro, 4,00 a 10,00 m de comprimento, carga de 60 t.

 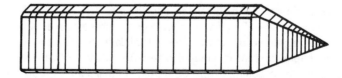

Figura 3.13

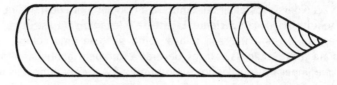

Figura 3.14

Protendida — Com seção quadrada, comprimento variável, cantos vivos, onde se localizam os ferros longitudinais de protensão e cintada (Fig. 3.15). É empregado aço CA-150 que apresenta resistência três vezes maior que o aço CA-50. Esse tipo de estaca apresenta as seguintes características:

seção 15,0 × 15,0 cm, carga de 16 t;
seção 18,0 × 18,0 cm, carga de 20 t;
seção 23,0 × 23,0 cm, carga de 30 t.

 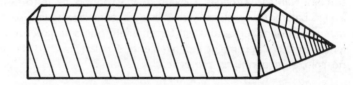

Figura 3.15

Mega ou de reação — Essas estacas são constituídas de elementos justapostos, com comprimento da ordem de 80,0 cm a 1,00 m. A cravação é feita usando como reação a própria carga do prédio pronto ou um caixão carregado, especialmente feito para esse fim. Esse tipo de fundação será tratado com mais detalhes no capítulo destinado a reforço de fundação. Como desvantagens desses tipos de estacas podemos citar: a) o concreto, sendo projetado para resistir apenas a determinados esforços, torna difícil o transporte das estacas pré-moldadas; b) o corte da sobra é trabalhoso; c) as emendas das estacas desse tipo são complicadas e tomam muito tempo; d) trabalhando em locais cujas cotas do terreno firme são muito variáveis, fica-se sujeito a perdas e sobras de estacas. Como vantagem podemos citar que sendo concretado fora do terreno, permitem o uso de um concreto bem dosado, bem vidrado e cuidadosamente executado.

Um problema relativo às estacas pré-moldadas surge quando a cravação se dá em presença de águas agressivas. A água, penetrando através do concreto, vai atingir os ferros da armação, os quais ao se oxidarem aumentam de volume, estourando o concreto e deixando a armadura mais exposta ainda à agressividade da água. Podem ser adotados os seguintes recursos para proteger a estaca: a) cálculo do concreto no estádio I, o que evita o aparecimento de fissuras durante o levantamento; b) pintura da estaca com produtos de base asfáltica; c) vitrificação da estaca, o que, entretanto, diminui a elasticidade desejada para o levantamento da mesma.

Examinaremos, finalmente, como se resolve o caso de uma estaca pré-moldada cujo comprimento total tenha sido cravado sem encontrar nega. Nesse caso a cra-

40 O EDIFÍCIO ATÉ SUA COBERTURA

vação deve prosseguir utilizando-se um suplemento de madeira, que é retirado quando se atinge a nega suficiente. Escava-se e levanta-se a estrutura, a partir da cabeça da estaca, ou emenda-se a estaca como se fosse uma coluna, até o nível necessário. Para a cravação as estacas deverão estar bem alinhadas e aprumadas, com guias que impeçam seu desvio. Serão arrancadas ou abandonadas as estacas que se desviarem do eixo mais que 1/5 do seu diâmetro. O espaço mínimo entre os eixos das estacas deve ser igual a 2,5 vezes o diâmetro da estaca. As partes superiores das estacas serão unidas por meio de blocos ou de vigas de concreto armado.

ESTACAS MOLDADAS "IN LOCO"

Estacas sem camisa, tipo broca — A execução desse tipo de estaca é extremamente simples e compreende apenas duas fases: abertura de um furo no terreno e lançamento de concreto nesse furo. Os diâmetros de tais estacas oscilam entre 8 e 12 pol (20,0 a 30,0 cm) e, em geral, o comportamento não ultrapassa a 5,00 m. São estacas de reduzida capacidade de carga (3 a 8 t) e apenas empregadas em pequenas construções. Não são armadas e levam apenas pontas de ferro destinadas a amarrá-las à viga baldrame ou blocos. Essas estacas constituem uma solução de baixo custo, mas não devem ser usadas em terrenos em que seja preciso ultrapassar o nível do lençol freático. Seu maior inconveniente é o lançamento do concreto diretamente no solo, sem nenhuma proteção.

Estacas moldadas "in loco" com camisa recuperada, tipo Strauss — A estaca Strauss é o tipo broca, executada com tubo de revestimento, cujo diâmetro é de 25 a 50 cm. As fases de sua execução são enumeradas a seguir.

1) Colocar o primeiro elemento de tubo de revestimento em posição contra o solo.

2) Colocar água no tubo.

3) Introduzir um balde-sonda de fundo falso que trabalhando dentro do tubo provocará formação de lama. A lama penetra no balde e dessa forma vai sendo feito o furo e cravado o tubo, rosqueando-se os elementos um no outro. Essa operação prossegue até que o tubo, ou a série de tubos rosqueados, atinja um terreno resistente, o que é constatado pela dificuldade do avanço do balde-sonda ou pelo exame do material retirado ou quando temos perfis de sondagem.

4) Atingida a profundidade necessária, o furo deve ser muito bem lavado e, se possível, secado. Se o tubo parou em argila, devido ao baixo coeficiente de permeabilidade desta, a secagem é conseguida. Entretanto, se for em areia, a medida que se retira a água, nova quantidade vai sendo admitida, por ser a areia eminentemente permeável.

5) Jogar o concreto no interior do tubo (camisa) e socá-lo com um peso de cerca de 200 kg. Nas estacas cravadas em areia e em cota abaixo do nível da água, o concreto é mesmo lançado dentro da água. À medida que se apiloa o concreto, o tubo de revestimento vai sendo retirado.

Essa estaca apresenta as seguintes vantagens: a) a estaca é executada com o comprimento estritamente necessário (vantagem comum a todas as estacas moldadas in loco); b) não necessita do emprego de bate-estacas, o que elimina o apa-

Fundações 41

recimento de vibrações sempre prejudiciais aos prédios vizinhos; c) o tripé de madeira geralmente empregado, permite que a estaca seja executada em pontos onde as estacas pré-moldadas ou outras moldadas *in situ* não podem ser feitas em virtude das dimensões do bate-estacas (por exemplo, em algumas estacas próximas a vizinhos). Por outro lado, as estacas Strauss têm os seguintes inconvenientes: a) a pega do concreto dentro do terreno não permite constatar a qualidade da execução; na hipótese da existência de águas agressivas temos o contato desta com o concreto ainda fresco; b) o arrancamento do tubo deve ser feito por pessoa muito experiente; qualquer falha nessa operação pode conduzir a uma descontinuidade do fuste o que invalida completamente a estaca; de fato, havendo grande altura de concreto dentro da camisa ou com grande diâmetro, a aderência entre este e o concreto poderá ser suficiente para que o concreto dentro do molde o acompanhe, quando de sua retirada. A capacidade de cargas dessas estacas é a seguinte:

25,0 cm de diâmetro, carga de 20 a 25 t;
50,0 cm de diâmetro, carga de até 80 t;

existindo ainda outros diâmetros.

Tração — Esse tipo de estaca é também conhecido como estaca Franki devido à patente do modo de cravação do tubo (Fig. 3.16). Os três tipos atualmente em uso têm os seguintes diâmetros, com as capacidades de carga:

400 mm de diâmetro, carga de 70 t;
520 mm de diâmetro, carga de 130 t;
600 mm de diâmetro, carga de 170 t.

As cargas acima variam com a natureza do terreno. Quanto ao comprimento dessas estacas não há grandes restrições, pois já foram executadas estacas de 40,00 m. A execução de uma estaca obedece a operação a seguir.

1) Colocação de uma bucha de areia, pedra e concreto velho no interior do tubo. Dentro do qual, agindo sobre a bucha existe um pilão cujo peso e diâmetro dependem do diâmetro da estaca.

2) A medida que a bucha vai sendo expulsa do tubo sob a ação do peso, mais material vai sendo colocado para formação de nova bucha.

3) Em determinado instante, o atrito entre a bucha e o tubo é tão grande que o tubo é arrastado e penetra no solo com o apiloamento da bucha.

4) Continua-se o apiloamento, e a conseqüente cravação, até obtermos a nega. Obtém-se uma nega razoável quando, com um martelo de 3 t, caindo de uma altura de 5 m, temos uma penetração do tubo de 3 a 8 mm.

5) Procede-se a expulsão da bucha tendo-se antes o cuidado de segurar o tubo pela parte superior após levantá-lo a uma altura aproximada de 4 m.

6) Lança-se o concreto seco (consistência de farinha), que é apiloado com a finalidade de formar a base alargada ("cebolão"). Uma vez formado o "cebolão", continua-se o apiloamento até que se perceba o tubo subir.

7) É então chegado o momento de colocar a armadura, constituída de ferros longitudinais, soldados a uma espiral (cinta).

8) Inicia-se a concretagem do fuste, apiloando-se o concreto com o peso que passa por dentro da armadura. Existe aqui o perigo de uma interrupção da concre-

tagem, pelo arrancamento demasiado do tubo. Esse inconveniente é eliminado pelo controle feito com o cabo de aço que segura o pilão e que leva marcas convenientes. No início da concretagem, antes de se iniciar o arrancamento do tubo, deixa-se o pilão ir ao fundo da estaca e faz-se uma marca nesse cabo de aço, correspondente ao limite superior do tubo. Desse modo, durante a concretagem essa marca deve estar sempre fora do tubo. Durante o apiloamento do concreto, a ferragem pode ser atingida pelo pilão e amassada. Esse fato é controlado, amarrando-se na parte superior da ferragem um cabo de aço, que passa por uma roldana e tem na outra extremidade um peso. Ao ser apiloado o concreto, a armadura sofre pequena deformação, fazendo com que o peso suba vagarosamente. Se a ferragem for danificada essa subida do peso será brusca. O uso da armadura nessa estaca elimina a possibilidade de haver uma interrupção do fuste, pela aderência do concreto ao tubo, quando este é arrancado. O concreto a ser empregado deve ser seco, a fim de facilitar o apiloamento. Essa estaca apresenta as vantagens:

a) É executada com o comprimento estritamente necessário (vantagem comum a todas as estacas moldadas *in loco*).

b) Grande aderência ao solo, devido à rugosidade do fuste.

c) Melhor distribuição das pressões, proporcionada pela base alargada.

d) Grande capacidade de carga.

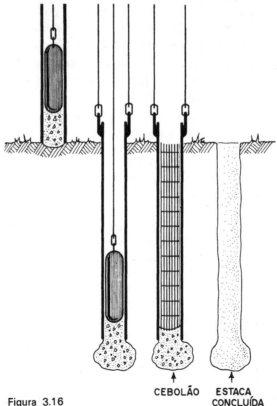

Figura 3.16

Fundações

Por outro lado podem ser citadas as desvantagens a seguir.

a) Pega do concreto em contato com o solo.

b) A grande vibração provocada durante a cravação pode prejudicar os prédios vizinhos.

c) Consideremos o caso de uma estaca que deva ser cravada próxima a uma outra, já executada, e num terreno onde existe uma camada de argila média ou rija para ser atravessada ao ser cravado o tubo dessa estaca, o terreno será comprimido lateralmente, tendendo, portanto, a levantar a estaca já executada. Como o levantamento da estaca não pode ocorrer devido ao grande diâmetro de sua base, poderá haver a ruptura da estaca, no ponto mais fraco, isto é, na união da base com o fuste, uma vez que a armadura deste último não penetra na base. Nesse caso, a solução seria atravessar a camada de argila com uma broca, e, então, prosseguir normalmente a cravação.

d) Fenômeno semelhante ocorre em terreno de argila mole, cujo comportamento assemelha-se ao de um fluido. Concluída uma estaca, se passarmos imediatamente à execução de outra próxima, a argila mole, ao afastar-se para dar passagem ao tubo, exercerá pressões elevadas sobre a estaca recém-executada, podendo ocasionar o desvio lateral da mesma. Para evitar esse tipo de acidente devemos cravar o tubo através de reação (ponta aberta) sem retirada de material. Uma vez atravessada a camada de argila, esvazia-se o tubo por meio de balde sonda, faz-se bucha e prossegue-se com o processo normal de cravação.

Estacas por compressão — É uma estaca moldada *in loco* de tubo recuperado, que tem patente do modo de cravação do tubo. Geralmente executa-se esse tipo de estaca utilizando-se um tubo de diâmetro de 40 cm. Na ocasião da cravação o tubo é fechado inferiormente, por uma peça (ponteira) de concreto armado e reforçada com anel de ferro (Fig. 3.17). A cravação é feita como uma peça pré-moldada, por meio de um martelo de 4 t, caindo de 1,00 m de altura, com um bate-estacas a vapor de simples efeito. A nega usual é de 7 a 8 mm por golpe. Depois de obtida a nega enche-se o tubo de uma só vez com concreto plástico, retirando-se a seguir o revestimento, também numa única operação. As vantagens e desvantagens dessa estaca são as mesmas citadas para a estaca de tração.

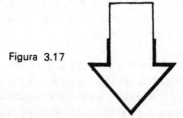

Figura 3.17

Estacas duplex — No caso da estaca duplex, usa-se a estaca de compressão simples, em seguida, sobre esta, ainda com concreto fresco, repete-se a operação anterior. Com isso obtém-se uma estaca de diâmetro maior e conseqüentemente de maior capacidade de carga (Fig. 3.18). O problema de não se encontrar nega com uma estaca duplex é solucionado com uma estaca triplex ou pela execução da chamada

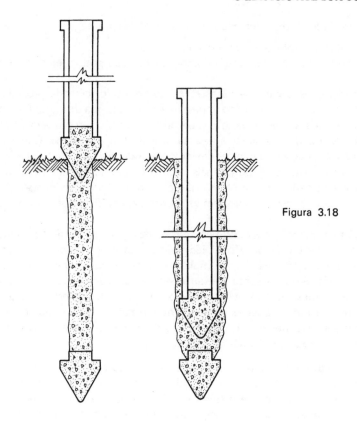

Figura 3.18

estaca comprimida, a qual possui base alargada. Esse alargamento é obtido erguendo-se o tubo cerca de 4,00 m, enchendo-se de concreto e recravando. Como vantagem específica para estaca duplex ou triplex apresentam grande capacidade de carga e podem ser executadas com comprimento até 20 m. A capacidade de carga pode chegar a até 100 t. No caso da execução da estaca em terreno com argilas orgânicas, usa-se o seguinte artifício: crava-se o tubo até o terreno firme e enche-se-o com areia, arranca-se o tubo e torna-se a cravá-lo no mesmo lugar como se fosse uma duplex. Desse modo formamos uma camada de areia que protegerá o concreto fresco, contra o efeito da argila orgânica.

Estacas moldadas "in loco" de camisa perdida, Raymond — O tubo de revestimento é corrugado, cravado com auxílio de um mandril interno, mais resistente (Fig. 3.19). Encontrada a nega, retira-se o mandril e inicia-se a concretagem. Pode ser executada com qualquer comprimento e com o comprimento necessário em cada ponto. Não sofre ataque de águas agressivas, pois tem o tubo protetor.

Monotube — As dobras do tubo são em sentido contrário ao do Raymond (Fig. 3.20). A grande vantagem dessa estaca é que a concretagem é feita dispensando-se o mandril em virtude da menor resistência do tubo. As estacas de tubo perdido não são executadas no Brasil devido ao alto custo do tubo de revestimento.

Fundações

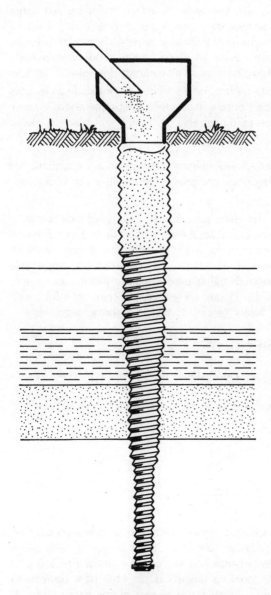

Figura 3.19

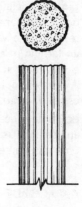

Figura 3.20

Temos três formas diferentes de funcionamento de uma estaca, na primeira delas, a estaca após atravessar várias camadas de solo apóia-se sobre rocha viva. Uma estaca nessas condições é denominada *estaca-coluna* e não constitui problema de Mecânica dos Solos, mas sim de Resistência dos Materiais. De fato, se aumen-

46 O EDIFÍCIO ATÉ SUA COBERTURA

tarmos indefinidamente a carga da estaca, esta se romperá, pois é constituída por um material mais fraco que a rocha. No segundo tipo, a estaca atravessa terrenos de resistência e vai encontrar nega em solo resistente. A estaca transmite sua carga ao terreno pela base, e por isso é chamada de *estaca de ponta*. Finalmente, a estaca é cravada sem encontrar, em nenhuma profundidade, terreno de alta resistência. A resistência à penetração no solo é devida ao atrito lateral, sendo denominada *estaca de atrito*. Entre esses tipos citados, interessam à Mecânica dos Solos as estacas de ponta e de atrito, classificação esta teórica, uma vez que na realidade as estacas apresentam as duas resistências, a de ponta e a de atrito, preponderando, é claro, uma das parcelas, conforme a natureza do terreno.

CAPACIDADE DE CARGA DE ESTACAS — Podemos determinar a capacidade de carga de uma estaca por fórmulas teóricas, por provas de carga, e por códigos de obras (fundações).

Fórmulas teóricas — Consistem na determinação da capacidade de carga, a partir da maior ou menor dificuldade na cravação. A mais simples delas é a de Sanders, $Ph = R \cdot s$, onde $R = Ph/s$; P, peso do martelo; h, altura de queda; s, nega; R, resistência dinâmica à cravação. Essa fórmula, entretanto, não é verdadeira, em virtude da mesma não considerar a ocorrência de várias perdas, como o atrito do martelo nas guias, as deformações elásticas dos coxins, da estaca, do solo, etc.; foi modificada pela fórmula de Engineering News Record, tomando a forma seguinte:

$$12Ph = R(s + c) \quad R = \frac{12Ph}{s + c},$$

sendo h dada em pés e s em polegadas. Para estacas de madeira e martelo de gravidade, $c = 1$ pol.

Outras fórmulas surgiram, como aplicação da teoria do choque de Newton. Entre elas temos

fórmula de Brix, $\quad R = \dfrac{P^2 \cdot p \cdot h}{s(P + p)^2}$;

fórmula de engenheiros holandeses, $\quad R = \dfrac{P^2 \cdot h}{s(P + p)}$.

Ocorre, entretanto, que a teoria do choque semi-elástico não se aplica ao caso do golpe do martelo sobre a estaca. Todas as fórmulas citadas fazem considerações sobre cargas dinâmicas o que evidentemente não se verifica com os prédios, pois que a carga do prédio é estática. As fórmulas dinâmicas são úteis para um estudo comparativo das diferentes estacas de uma obra, isto é, para exame da homogeneidade do estaqueamento. Em virtude de ser estática, a carga a que estão sujeitas as estacas, surgiram as fórmulas ditas estáticas, cuja forma geral é $R_t = Pp + R_a$.

Provas de carga — O processo mais indicado para a determinação da capacidade de carga de uma estaca é a execução de uma prova de carga sobre a mesma. O andamento da prova de carga, nesse caso, é idêntico ao da prova de carga em fundação direta. Também aqui, a interpretação deverá ser criteriosa. Havendo estacas muito próximas, poderá haver interferência dos bulbos de pressão das diferentes estacas, fato que não é considerado pela prova de carga. Além disso, o recalque de um conjunto de estacas é sempre maior que o de uma estaca isolada.

Códigos de obras — Quanto aos códigos, o mais completo é o de Boston, que apresenta uma série de especificações a serem observadas para cada tipo de estacas, cuidados a serem tomados, etc. Esse código aceita como carga admissível, sobre uma estaca, a metade da carga que provoque um recalque de 0,5 pol.

Atrito negativo — Suponhamos um aterro construído sobre uma camada de argila mole, abaixo do qual exista uma camada resistente (Fig. 3.21). A carga do aterro provocará o recalque da camada mole e uma estaca cravada nesse terreno será arrastada com o solo, ficando desse modo sujeita a uma carga superior à prevista no projeto. Esse fenômeno é denominado atrito negativo, pois o que ocasiona o aumento da carga da estaca é o atrito do solo contra a superfície lateral da mesma e, ocorre comumente em pisos de fábricas e galpões. Nessas construções o piso é, em geral, constituído de uma camada pouco espessa de concreto, apoiada diretamente no terreno. Ao se carregar esse piso, quer com mercadorias, quer com máquinas, a camada mole passa a recalcar, originando o atrito negativo e o conseqüente aumento de carga, como já foi descrito.

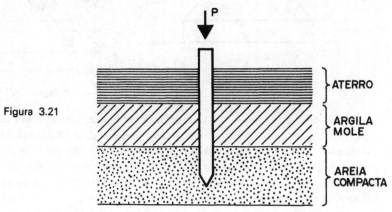

Figura 3.21

TUBULÕES

A execução de uma fundação em tubulões consiste na escavação, manual ou mecânica, de um poço, até encontrar terreno firme, e na abertura de uma base alargada nesse terreno a fim de transmitir a carga do pilar através de uma pressão compatível com as características do terreno.

TUBULÕES A CÉU ABERTO — Pode ser usado em terreno suficientemente coesivo e acima do nível de água, dispensando o escoramento. O diâmetro depende da carga e da maneira de execução. Sendo aberto manualmente, seu diâmetro mínimo será de 70,0 a 80,0 cm, a fim de que o poceiro possa trabalhar livremente. Admitindo-se que o concreto trabalhe à taxa de 50 kg/m², o tubulão de $\emptyset$ = 80,0 cm terá uma capacidade de até 250 t. Pode-se concluir, imediatamente, que esse tipo de tubulão só será econômico, normalmente, para cargas próximas a 250 t. No entanto, condições peculiares de preços podem tornar a solução econômica, mesmo para cargas menores. A base deverá ter um diâmetro tal que (Fig. 3.22)

$$\frac{\pi D^2}{4} X_s^\sigma = P, \qquad D = \sqrt{\frac{4P}{\pi \sigma_s}}.$$

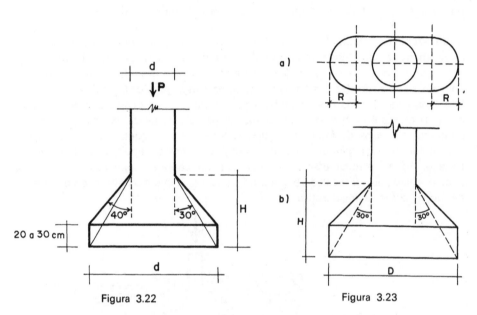

Figura 3.22   Figura 3.23

Como o objetivo é conseguir uma fundação econômica, convém não usar armação, quer no fuste quer na base. Para isso é preciso que o ângulo na base seja de 30º. Além disso, o encontro da face inclinada com o plano da base não deve ser um canto vivo, fazendo-se um rodapé com altura de 20,0 a 30,0 cm, para garantir um enchimento perfeito na concretagem. A forma usada preferencialmente para a base é a circular, embora no caso de fundação de divisa, se adote a falsa elipse. Nesse caso o $\emptyset$ = 30º, a que nos referimos anteriormente, será medido em relação ao eixo maior. Para que essa condição seja satisfeita, devemos ter $H = 0{,}866(D - d)$ (Fig. 3.23). Quando se faz armação da cabeça do tubulão, os ferros são colocados em forma de círculos concêntricos, para evitar o rompimento da mesma por esforços de tração. Outros calculistas consideram a cabeça do tubulão como se fora um terreno com uma resistência de 50 kgf/m², e armam-na segundo esse critério.

TUBULÃO TIPO CHICAGO — O poço é aberto por etapas. Após escavar-se até uma certa profundidade, colocam-se pranchas de escoramento que são mantidas em posição por meio de travamento de anéis metálicos (Fig. 3.24). Escorado o primeiro trecho, escava-se novo trecho e escora-se como anteriormente. Repete-se essa seqüência de operação até atingir o terreno onde será feita a base; estando esta concluída, passa-se à concretagem.

Fundações

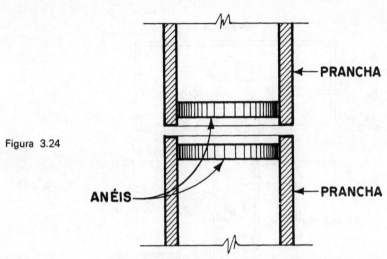

Figura 3.24

TUBULÃO TIPO GOW — O escoramento é feito por meio de tubos de chapas de aço da seguinte forma: crava-se um tubo de ⌀ 2,00 m, escavando-se no seu interior; terminada essa primeira escavação, outro tipo de diâmetro menor é cravado por dentro do primeiro; executa-se nova escavação, novo tubo é cravado dentro do segundo tubo, e assim sucessivamente (Fig. 3.25). Os tubos são recuperados à medida que a concretagem progride. A vantagem que o método Gow apresenta sobre o Chicago é a de poder atravessar uma camada de areia abaixo do nível de água, desde que sob essa camada de areia se encontre uma camada de argila onde o tubo venha a se apoiar. Com isso, torna-se possível terminar a escavação antes que a água tenha atravessado a argila.

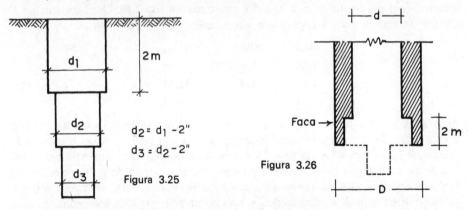

Tubulão pneumático — Pretendendo-se executar um tubulão em um terreno onde haja muita água, o esgotamento da escavação, por meio de bombas, é difícil, além do que é inexeqüível a construção da base abaixo do nível de água, devido ao perigo de desmoronamento do solo. Esses obstáculos são vencidos com o uso do tubulão pneumático, o qual mantém a água afastada da câmara de trabalho por meio de ar comprimido.

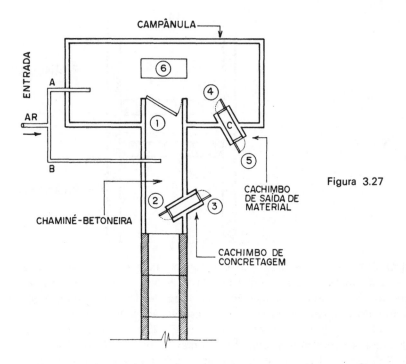

Figura 3.27

O andamento dos serviços de execução de um tubulão de ar comprimido difere conforme se use o método clássico, com elementos de concreto, ou o equipamento Benoto, com tubos de aço. Pelo método clássico, iniciam-se os trabalhos com a concretagem de um tubo, cuja seção é mostrada na Fig. 3.26. Os diâmetros de D variam de acordo com a capacidade do tubulão. Assim, podemos ter:

$d(m)$	$D(m)$	$P(t)_{max}$
1,00	1,20	600
1,30	1,60	1 000
1,60	2,00	1 800

Após a retirada das formas e escorado o tubo, o operário penetra na câmara e inicia a escavação de um poço central. Ao atingir uma certa profundidade, a escavação prossegue sob a faca a fim de deslocar o tubulão e permitir que o mesmo desça sob a ação de seu próprio peso. Assim se procede até que o topo do primeiro elemento tenha atingido o nível do terreno, concretando-se, então, outro elemento sobre o primeiro. Reiniciam-se as escavações a fim de cravar o segundo elemento. As operações descritas repetem-se até que se atinja o nível de água, a partir do qual ainda se prossegue um certo trecho, removendo-se a água por bombeamento. Quando isso não mais for possível, instala-se o equipamento com o qual introduzimos ar comprimido e que permite a entrada e a saída dos operários no tubulão, a retirada do material escavado e a concretagem, devem ser feitas sem perda de pressão. A Fig. 3.27 mostra uma seção da campânula empregada nas fundações pneumáticas. O funcionamento pode ser esquematizado da seguinte forma:

Fundações **51**

1) fecham-se as portas 1 e 2 e injeta-se ar por B, até atingir a pressão conveniente, isto é, até expulsar a água do tubulão;

2) os operários entram por 6; fecham-se 6 e 4 e injeta-se o ar por A; no instante em que a pressão na campânula igualar a pressão do tubulão, a porta 1 se abre sob a ação de seu próprio peso; os operários que estavam na campânula descem e iniciam a escavação; a terra escavada sobe para a campânula, por meio de um guincho e é retirada da mesma obedecendo as seguintes operações: fecha-se 5 e abre-se 4; a terra vai sendo lançada no cachimbo C e, uma vez este cheio, fecha-se 4 e abre-se 5, e a terra cai por gravidade. A comunicação do pessoal, que se encontra no interior da campânula, com o exterior é feita por uma espécie de código Morse, convencional, em que cada grupo de sinais é uma ordem completa. Os trabalhos prosseguem na forma descrita, até atingir a profundidade onde se abrirá a base, que é a fase mais perigosa da execução do tubulão; em geral é feita por etapas, iniciando-se pela escavação na parte central, a fim de confirmar o tipo de terreno com o indicado pela sondagem. Para prosseguir o alargamento da base, o tubulão deverá ser escorado, o que poderá ser feito internamente, na faca, ou externamente na campânula. O material existente abaixo da faca só deverá ser retirado no fim, para evitar fuga de ar pela mesma.

Pronta a base, esta deverá ser vedada com argila, cimento ou nata de cimento, impermeabilizando o terreno para evitar perda de ar. Segue-se a fase de concretagem. O concreto é lançado através do cachimbo inferior (cachimbo de concretagem). Com 2 fechado e 3 aberto, enche-se o cachimbo. Fecha-se 3 e abre-se 2, sendo o concreto jogado no interior do tubulão. Durante a fase de concretagem, os operários ficam todos em cima, esperando que se forme na base um certo lastro de concreto. Quando isto se dá, eles descem, a fim de compactá-lo. Tanto a compressão quanto a descompressão devem ser feitas em estágios, e o tempo total de compressão e descompressão deve ser contado, de modo a evitar prejuízo ao pessoal. A pressão máxima de trabalho não deve ultrapassar 3 atm (equivalente a 30 m abaixo do nível da água). A descompressão só poderá ser feita quando for concluído o tubulão — pois, em caso contrário, a água invadiria as escavações, provocando desmoronamentos — ou desde que o concreto já colocado seja suficiente para equilibrar a pressão da água.

EQUIPAMENTO BENOTO — Como o custo da escavação, sob ar comprimido, é muito elevado, procurou-se reduzi-la a um mínimo. Isso foi conseguido com o emprego de tubos de revestimento de aço, que podem ser emendados por solda, e do equipamento Benoto. A cravação de tubos é feita com aparelho dotado de movimento de rotação, a fim de romper o atrito do terreno. A escavação no interior desses tubos é feita mecanicamente até atingir a profundidade prevista para a base. Nessa ocasião coloca-se a campânula de ar comprimido e os operários descem para proceder à abertura da base como no caso clássico.

Reforço e calçamento das fundações — Algumas vezes surge a necessidade de substituir ou reforçar a fundação de uma estrutura em virtude da fundação existente ser insuficiente, ou ter sido prejudicada por construções vizinhas. Não há, propriamente, uma teoria sobre o assunto e alguns casos exigem soluções inéditas. Entretanto, há alguns recursos que são mais freqüentemente empregados. Suponhamos que se queira construir um prédio com subsolo, tendo por vizinho uma construção

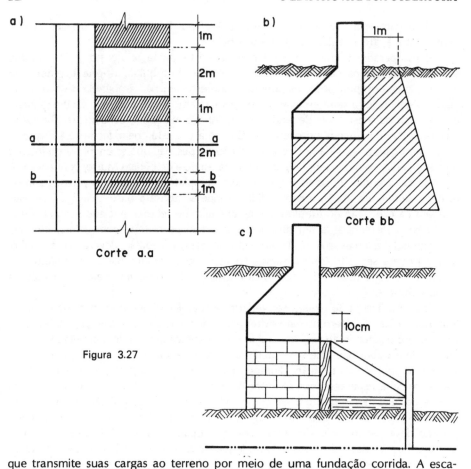

Figura 3.27

que transmite suas cargas ao terreno por meio de uma fundação corrida. A escavação do terreno, onde será edificada a nova construção, é iniciada pela parte central do mesmo, deixando-se, na divisa com o prédio existente, um maciço de terra, cuja largura na parte superior será de 1 m e a inclinação dependerá da natureza do terreno (Fig. 3.27b). A seguir, fazem-se, nesse maciço, escavações (cachimbos) de 1,00 m a 1,50 m de largura, espaçados de 2,00 m, e que se estendem até sob a fundação que se quer reforçar (Fig. 3.27a). Constrói-se, então, uma alvenaria de tijolos sob a fundação, deixando-se uma folga de 10,0 cm para posterior encunhamento (Fig. 3.27c). Concluídos os encunhamentos de todos os cachimbos existentes, iniciam-se as aberturas de novos cachimbos ao lado dos já existentes, procedendo-se do mesmo modo quanto à escavação e à construção da alvenaria. O efeito do empuxo deve ser combatido com escoras de madeira (Fig. 3.27c). Evidentemente, esse processo não se aplica a construções que transmitam suas cargas por meio de elementos isolados, como sapatas. Nesse caso é preciso reforçar cada sapata de per si e o serviço consistirá em três fases distintas: a) escoramento inicial da estrutura, b) execução da nova fundação e c) transferência da carga à nova fundação. A fase do escoramento é de grande importância, pois visa a evitar o aparecimento de recalques quando da escavação sob a fundação.

capítulo 4

CONCRETO ARMADO

Concreto é uma mistura de cimento, água e materiais inertes (geralmente areia, pedregulho, pedra britada ou argila expandida) que, empregado em estado plástico, endurece com o passar do tempo, devido à hidratação do cimento, isto é, sua combinação química com a água.

Quando o concreto é convenientemente tratado, seu endurecimento, continua a desenvolver-se durante muito tempo após haver adquirido a resistência suficiente para a obra e torna-se mais forte ao invés de enfraquecer. Esse aumento contínuo de resistência é qualidade peculiar do concreto que o distingue dos demais materiais de construção.

$$\text{Componentes do concreto} \begin{cases} \text{cimento Portland (aglomerante)} \\ \text{água} \\ \text{materiais inertes} \\ \text{(agregados)} \begin{cases} \text{miúdo} - \text{areia e pó de pedra} \\ \text{graúdo} \begin{cases} \text{pedregulho ou seixos} \\ \text{rolado, pedra britada} \\ \text{e argila expandida} \end{cases} \end{cases} \\ \text{aditivos} \end{cases}$$

QUALIDADES DOS MATERIAIS

Cimento Portland — O cimento Portland encontra-se no mercado em sacos de papel com o peso líquido de 50 kg. Para evitar sua hidratação e a conseqüente redução de suas propriedades, é necessário que seja conservado ao abrigo da umidade. Trata-se de produto no qual se pode ter inteira confiança, pois acha-se sujeito a especificações oficiais e todas as marcas procedentes de fábrica filiadas à Associação Brasileira de Cimento Portland são submetidas a análises e ensaios repetidos, o que garante a produção de cimento uniforme e de alta qualidade que, convenientemente misturado a materiais adequados, possibilita a obtenção de um bom concreto

Assim só serão aceitos os cimentos que obedecerem as especificações brasileiras para cimento Portland, destinados à preparação do concreto.

54   O EDIFÍCIO ATÉ SUA COBERTURA

Será facultado o emprego do cimento de marcas estrangeiras, desde que venham acompanhadas de um certificado com as suas características. Em todas as embalagens de acondicionamento deverão vir indicados em caracteres bem visíveis, a marca do cimento, o seu peso e local de fábrica.

Recebimento — Só serão aceitos os cimentos com acondicionamento original da fábrica. Os sacos de cimento deverão conter 50 kg líquidos. Serão rejeitados os cimentos empedrados. Se o cimento for fornecido a granel, o mesmo deverá ser pesado rigorosamente.

Armazenamento — Os sacos de cimento deverão ser armazenados em local suficientemente protegido das intempéries, da umidade do solo e das paredes e de outros agentes nocivos às suas qualidades. Lotes recebidos em épocas diversas não deverão ser misturados mas colocados separadamente, de maneira a facilitar sua inspeção e seu emprego na ordem cronológica de seu recebimento. As pilhas deverão conter, normalmente, de 8 a 10 sacos de altura. Os sacos, de preferência, deverão ser colocados sobre estrados de madeira, construídos a 30,0 cm acima do piso. Se o fornecimento for a granel, o armazenamento deverá ser feito em silos adequados para esse fim.

Amostragem — A amostragem deverá obedecer a EB-1 e estar de acordo com a MB-1.

ÁGUA — A água usada para a mistura do concreto deve ser limpa, isenta de óleos, álcalis e ácidos. De modo geral, serve a água potável. Especial cuidado será tomado na medida de água de amassamento, que deverá ser feita com erro nunca superior a 3%. A medida de água é tão importante que, para assegurar a sua exatidão, convém mandar confeccionar, em chapa de ferro galvanizado, uma vasilha cilíndrica tendo, internamente 22,5 cm de diâmetro e 50,0 cm de altura. Essa vasilha, que quando não estiver sendo usada para medir água para concreto pode prestar outros serviços, tem capacidade de 20 litros e cada 5,0 cm de altura equivale a 2 litros de volume.

Amostragem — A amostra representativa mínima para exame, será de 2 litros.

AREIA — Deverá ser sílico-quartzosa, de grãos inertes e resistentes, limpa e isenta de impurezas e matéria orgânica. A areia poderá ser considerada de boa qualidade para execução do concreto quando, na peneira normal de 0,06 mm, apresentar uma porcentagem acumulada de 65 a 85%. A umidade da areia será sempre determinada entre 3 a 4% do seu peso.

Recebimento. Será medido no caminhão ou basculante.
Amostragem. De acordo com os MB-6, 7, 8, 9 e 10.
Armazenamento. Do modo descrito na instalação do canteiro de obras.

BRITA — Deverá ser constituída de cascalho de granito — gnaisses ou basalto, arestas bem vivas, bem graduados, limpos, isentas de argilas e de partes em decomposição — e de pedregulho (ou seixos rolados) que deve ser bastante duro e livre das mesmas impurezas que prejudicam a areia, e ter forma cúbica ou esférica. Quando o agregado graúdo tiver mais de 3% de pó de pedra deverá o mesmo ser lavado.

Recebimento. Medido no caminhão ou basculante.

Concreto armado **55**

Armazenamento. As britas deverão ser armazenadas separadamente, segundo seus diâmetros, em caixotes, de acordo como foi explicado na instalação do canteiro.

ADITIVOS. São produtos químicos ou resinas, que são adicionados ao concreto durante a mistura, além dos constituintes normais, com o fito de alterar ou comunicar algumas propriedades ao concreto. O aditivo não tem por função corrigir as deficiências que por ventura um concreto tenha, como um mal proporcionamento, um mal adensamento e, de um modo geral, uma má fabricação do concreto. Ao se decidir usar um determinado aditivo, devemos verificar a possibilidade do mesmo trazer alguma vantagem. Assim, caso haja uma determinada dificuldade técnica (de lançamento, de pega, etc.) procura-se ver qual o aditivo que pode ser usado para superá-la. Eventualmente ele poderá trazer uma economia na execução da tarefa. O aditivo de modo geral age beneficamente sobre uma determinada propriedade, mas poderá agir negativamente para outras propriedades, e isso deve ser levado em consideração, a fim de que o engenheiro não seja colhido de surpresa e possa corrigir as deficiências que porventura surgirem. Não havendo incompatibilidade de aditivos pode ser usado mais de um tipo. A classificação dos aditivos é:

a) aceleradores,
b) agentes redutores de água e reguladores de pega,
c) difusores,
d) incorporadores de ar,
e) expulsores de ar,
f) formadores de gás,
g) expansores,
h) minerais finamente divididos (inertes, pozolânicos, cimentícios),
i) impermeabilizantes,
j) ligantes,
l) redutores da reação álcali-agregados,
m) inibidores de corrosão,
n) fungicidas, germicidas, inseticidas,
o) agentes floculantes,
p) colorantes.

Podemos classificar o concreto, de acordo com a sua finalidade, conforme segue.

1) *Concreto para pavimentação* — a pavimentação de concreto é uma pavimentação cara, a inversão de recursos para execução de placas de concreto é vultosa e sofre a concorrência de outros tipos de pavimentação que procuram substituí-la tecnicamente e apresentar vantagens do ponto de vista econômico. Hoje, entretanto, essa idéia de que outros tipos sejam mais econômicos que o concreto pode ser contraditória, porque no campo econômico deve entrar não só a inversão inicial como a manutenção, a amobilidade do pavimento, a fim de que se possa fazer o levantamento do custo ao longo de toda a vida do pavimento. Uma placa de concreto para pavimentação deve ter uma superfície de rolamento que ofereça conforto e segurança ao usuário, deve ter dimensionamento para suportar as cargas atuantes. Além dessas superfícies apresentarem uma elevada resistência ao desgaste a que

56 O EDIFÍCIO ATÉ SUA COBERTURA

vão ser submetidas. Na pavimentação das placas de concreto, desenvolvem as tensões de tração que são as que governam o dimensionamento das placas.

2) *Concreto leve* — é aquele que tem massa específica inferior ao do concreto comum, respectivamente:

concreto leve   — 1 800 a 2 000 kg/m^3;
concreto comum — 2 200 a 2 400 kg/m^3.

Concretos leves são aqueles feitos com agregados leves. A definição, como se vê, não é bem clara. Existem autores que tentam fixar a massa específica aparente do concreto, entretanto ainda não existe uniformidade nesses valores. Os primeiros concretos leves que apareceram, tinham finalidade de isolamento térmico e não de sustentação estrutural e tinham valores de massa específica muito baixos, mas posteriormente começaram a ser usados em estruturas; com essa finalidade estrutural ampliou-se a definição do que era concreto leve. O uso do concreto leve foi evoluindo e a sua utilização primeira, que era muito restrita, passou a ser feita em concreto armado, sendo hoje feita até em concreto protentido. Existem várias maneiras de se obter o concreto leve, e que consiste em reduzir de maneira sensível a massa específica. Essa redução da massa específica é feita sempre em detrimento da resistência mecânica, mas com outras vantagens. A maneira mais freqüente da obtenção do concreto leve é:

a) eliminar o agregado graúdo e introduzir o ar, gás ou uma espuma estável (é chamado impropriamente de concreto, mas na realidade é uma argamassa);

b) retirar o agregado miúdo, faz-se apenas o concreto aglomerante e o agregado graúdo;

c) uso de agregados leves, usando agregados que têm massa específica aparente inferior à da massa específica dos agregados correntes, que é de mais ou menos 2,65 kg/m^3;

d) essa quarta categoria — uns consideram-na concreto, outros não — é uma espécie de madeira transformada, ligada com cimento.

3) *Concretos com aditivos* — são aqueles concretos que além dos aglomerantes, agregados, de água, sempre se coloca um quarto elemento (aditivo) com o fito de modificar a sua propriedade, exaltando uma ou algumas propriedades específicas.

4) *Concreto massa* — os concretos para grandes massas, são concretos de baixo teor de cimento. Sua característica fundamental, é, pois, ter muito baixo consumo de cimento, o qual seria na ordem de 130 a 150 kg/m^3 (não ultrapassando 200 kg/m^3). Esses concretos-massa deverão ser trabalháveis em função do tipo de obra que se executa, do tipo de equipamento, etc. Esse concreto-massa deverá apresentar após uma certa idade uma resistência mecânica compatível com o projeto estrutural, a qual apresenta a seguinte peculiaridade em relação aos concretos usuais. É que são tensões bem mais baixas, pois em virtude do próprio funcionamento da estrutura, projetada para que não se verifique tensões de tração na estrutura. Temos que dar dimensões tais às peças, que resulte tensões de compressão bastante reduzida.

5) *Concreto comum* — são aqueles concretos que são utilizados nas estruturas de edifícios e obras de artes normais. Como nosso objetivo é a construção do edifício, iremos desenvolver mais detalhadamente esse tipo de concreto. Nesse con-

Concreto armado **57**

creto iremos seguir a seqüência: a) dosagem, b) tensões mínimas, c) padrão de qualidade, d) consistência, e) amassamento, f) transporte, g) lançamento, h) adensamento, i) cura, j) junta de concretagem ou junta fria.

DOSAGEM

Para execução de qualquer obra, ressalta-se a importância do tipo de concreto a ser utilizado, sempre tendo em vista a finalidade a que se destina e o fator econômico. Não devemos usar um mesmo tipo de concreto utilizado numa residência para construção de pontes, barragens ou estradas.

Conhecida, então, a finalidade a que se destina a obra, devemos obter um concreto que tenha as características impostas. Em geral, a mais importante entre as características exigidas para todas as obras é a sua resistência à compressão, sendo de se notar que as demais propriedades correm normalmente paralelas à resistência à compressão. Assim, a escolha de um ou de outro tipo de concreto dependerá:

a) do tipo de obra a executar-se,
b) da facilidade ou dificuldade de peças a concretar-se,
c) das propriedades finais que se pretendam obter,
d) do custo dos materiais.

Para perfeita execução da obra, não bastam estudar somente as características, mas deve-se também analisar a qualidade do concreto, a qual dependerá primeiramente da qualidade dos materiais componentes, isto é, cimento, agregado miúdo, agregado graúdo e água. Impõe-se, portanto, quando se deseja um concreto superior, uma seleção cuidadosa desses materiais. Necessária ainda se torna, na massa do concreto, a mistura íntima do cimento com a água e a distribuição uniforme da pasta resultante nos vazios dos agregados miúdo e graúdo, que, por sua vez, também devem ser convenientemente misturados. Em suma, para se obter as qualidades essenciais do concreto — facilidade de emprego quando fresco, resistência mecânica, durabilidade, impermeabilidade e constância de volume depois de endurecido —, sempre tendo em vista o fator econômico, são necessários:

a) *seleção cuidadosa dos materiais* (cimento, agregados, água e aditivos se for o caso) quanto ao tipo e qualidade, uniformidade;
b) *proporcionamento correto*

— do aglomerante em relação ao inerte,
— do agregado miúdo em relação ao graúdo,
— da quantidade de água em relação ao material seco,
— do aditivo em relação ao aglomerante ou à água utilizada;

c) *cura cuidadosa*

Para atingir a dosagem correta do concreto a ser utilizado na obra a que se destina, é necessário obedecer as seguintes normas:

1) o concreto deverá ser dosado racionalmente;
2) a dosagem racional poderá ser feita por qualquer método, baseado na relação entre a quantidade de água e o peso de cimento, desde que devidamente justificado;

3) para o concreto serão dosados traços para as tensões mínimas que foram requeridas, para elementos estruturais que necessitem de uma dosagem especial, quando houver variação sensível na granulometria dos agregados ou na qualidade do aglomerante, e quando houver emprego de aditivos;

4) as proporções corretas de cimento, areia e brita, que deverão entrar na mistura do concreto, serão rigorosamente observadas;

5) a medição de água de amassamento a qual deverá ser feita com exatidão, e cujo erro não poderá ser superior a 3%;

6) o cimento deverá ser medido em peso, o que poderá ser feito pela contagem de sacos;

7) a dosagem empírica será permitida somente para obras de pequeno vulto.

O traço tanto pode ser indicado pelas proporções em peso como em volume, e algumas vezes adota-se uma indicação mista: o cimento em peso e os agregados em volume (o que é mais usado). Seja qual for a forma adotada, toma-se sempre o cimento como unidade e relacionam-se as demais quantidades à quantidade de cimento. A unidade (quantidade de cimento) pode ser indicada por 1 kg ou 1 litro, pela quantidade contida num saco de cimento, ou ainda, pela quantidade contida num metro cúbico de concreto.

Podemos considerar a dosagem em dois tipos, a) empírica e b) racional.

Dosagem empírica — Entender-se-á por dosagem empírica a que estabelecer os traços, sem fundamento em critério lógico, e que tenha em vista produzir concreto com uma determinada resistência e atenda à qualidade dos materiais de que se dispõe. A aplicação dos traços empíricos serão limitadas às obras de pequeno vulto, a critério da fiscalização, sendo obrigatório um consumo mínimo de 300 g de cimento por metro cúbico de concreto. Não serão permitidas misturas que sejam plásticas; provenientes sobre tudo da fixação defeituosa da relação entre o agregado graúdo e o miúdo. A quantidade de água a ser empregada no concreto deverá ser regulada de acordo com o grau de plasticidade mais adequado à execução das diversas partes da obra, a juízo da fiscalização, não sendo tolerado excesso de água.

Dosagem racional — Na dosagem racional tantos os materiais constituintes como o produto resultante são previamente ensaiados em laboratório. Esta baseia-se numa série de elementos que agruparemos em três categorias a seguir.

1) VARIAÇÃO DAS PROPRIEDADES FUNDAMENTAIS DO CONCRETO ENDURECIDO COM O FATOR ÁGUA-CIMENTO — As propriedades principais são resistência ao esforço mecânico e a resistência aos agentes nocivos, ou seja, a durabilidade. Todos os pesquisadores e tecnologistas, chegaram a uma conclusão de que a redução do fator água-cimento melhora todas as propriedades do concreto endurecido.

2) QUANTIDADE DE ÁGUA TOTAL EM FUNÇÃO DA TRABALHABILIDADE — A influência da quantidade de água na trabalhabilidade está intimamente relacionada aos fatores externos e internos, principalmente nas fases de produção.

De acordo com a Fig. 4.2, temos que a quantidade de água total empregada se mantém constante, variando o traço de 1:3 a 1:9.

Concreto armado

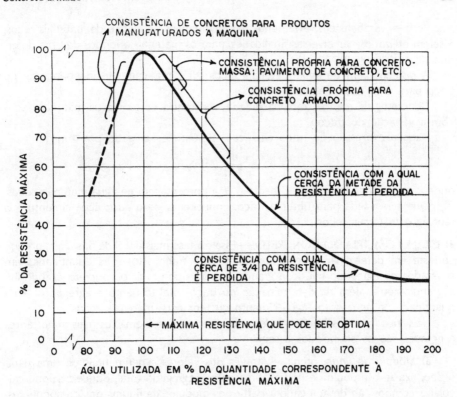

Figura 4.1 Influência do fator água-cimento sobre a resistência à compressão dos concretos

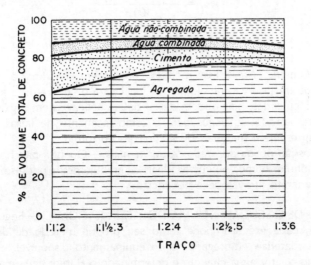

Figura 4.2 Dosagem de concretos

60 O EDIFÍCIO ATÉ SUA COBERTURA

Pode-se estabelecer previamente as porcentagens de água e de materiais secos, a serem utilizados nas diversas finalidades, para os materiais oriundos de uma determinada cidade ou região.

A porcentagem de água-materiais secos (H) é praticamente independente do traço para uma dada trabalhabilidade.

Concretos de mesma trabalhabilidade, constância do teor água-materiais secos com a variação do traço.

Dada a expressão do traço em peso, cimento e agregado por 1:m;

$$x = \frac{H}{100} \ (1:m),$$

onde x, quantidade fator água-cimento e H, a porcentagem de água-materiais secos.

Que será válida para obter o traço, conhecendo-se o fator água-cimento e o teor água-materiais secos.

3) GRANULOMETRIA DO CONCRETO — Essa é a fase mais difícil da dosagem, porque consiste em determinar os desdobramentos do traço, isto é, as quantidades em separados do agregado miúdo e graúdo que irão constituir o concreto fixando-lhe a granulometria além da determinação do traço total (cimento e agregados) e da quantidade de água (fator água-cimento ou teor água-materiais secos).

Há vários métodos diferentes de se resolver esse problema; os mais importantes e comuns são os enunciados a seguir.

a) *Módulo de finura ótima* — Através dos valores experimentais de uma dada região, fixa-se o módulo de finura ótima para o agregado total, donde se pode calcular a composição do agregado a partir dos módulos de finuras dos componentes. Seja m_a, módulo de finura de areia; m_b, módulo de finura do agregado graúdo; m_t, módulo de finura do agregado total, e a, a porcentagem de areia no agregado; tem-se

$$m_t = \frac{am_a(100 - a)m_p}{100},$$

$$a = \frac{m_t - m_p}{m_a - m_p} 100.$$

b) *Granulometria ideal* — Esse método consiste em aproximar a granulometria do conjunto de uma curva granulométrica ideal para o concreto. Essas curvas merecem grandes cuidados, pois podem deixar de ser aplicáveis em regiões diferentes. Devem-se fazer estudos análogos para o estabelecimento de faixas próprias nas regiões que apresentem materiais de graduação ou forma.

c) *Composição obtida por dados experimentais* — Quando não houver estudos feitos sobre módulos ótimos ou curvas ideais de granulometria pode-se obter a composição do concreto através de experiências.

4) PROCESSO DE EXECUÇÃO DE UMA DOSAGEM RACIONAL — Segundo os princípios citados, cada executor pode ter o seu próprio método de dosagem mais adaptável aos materiais empregados e ao equipamento disponível.

Conhecido o fator água-cimento e determinado o H (teor água-materiais secos) pela experimentação atual ou pela anterior, calcula-se o traço total.

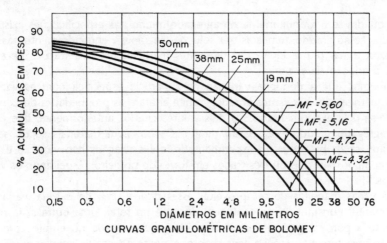

Figura 4.3 Curvas de Bolomey

Método do ITERS

Uma condição para que obtenhamos um bom concreto, é que a quantidade de água a ser utilizada no concreto atenda a dois aspectos fundamentais: máxima trabalhabilidade quando recém-misturado e máxima resistência aos esforços mecânicos e agentes agressivos (durabilidade), depois de endurecido.

Para satisfazer o primeiro aspecto é necessário que a quantidade de água seja máxima, e para o segundo que seja a mínima permissível. Estamos, portanto, numa situação em que devemos tirar uma média ponderada entre os dois aspectos.

A trabalhabilidade é fixada, tendo em vista os fatores externos que afetam essa propriedade: tipo de peça a executar, meios de mistura, transporte, lançamento e adensamento, procura-se depois, compor um concreto, levando em conta os fatores internos: traço, fator água-cimento, granulometria, forma do grão, etc.

Esse problema é facilmente resolvido. Numa primeira etapa procura-se obter uma boa relação entre o agregado miúdo e o graúdo, como também, o teor água--materiais secos compatível com a trabalhabilidade exigida para a obra.

Devemos partir de um traço que nos pareça próximo ao que deverá ser usado na construção.

Variando-se a porcentagem de areia, no agregado total, em 5%, preparam-se quatro ou cinco misturas experimentais do mesmo traço em peso (cimento-agregado), já levando em conta a influência dessas porcentagens, a forma e as dimensões do grão dos agregados graúdos e a granulometria dos miúdos.

Preparam-se esses concretos adicionando-se quantidades diferentes de água, medindo-se, através de aparelhagem adequada, a variação da trabalhabilidade, não podemos desprezar a observação de um tecnologista experimentado, que será de grande valia na interpretação dos dados colhidos.

Os valores dos teores (água-materiais secos) são afetados pela forma e graduação dos agregados graúdos, bem como pelas condições externas. Nesse caso emprega-se sempre o mesmo concreto, no qual se vai adicionando água.

No caso de se ter vários agregados, é antes feita uma mistura prévia, de modo a reduzi-los a um graúdo e a um miúdo.

62   O EDIFÍCIO ATÉ SUA COBERTURA

Enquadra-se a granulometria do agregado miúdo nas especificações existentes. Com relação ao graúdo, temos as três soluções seguintes: enquadramento nas especificações, tomar partes iguais dos diferentes materiais e tomar frações de acordo com a produção da pedreira.

Sabemos que a pequena variação da superfície específica com as variações granulométricas dos agregados graúdos pouco alteram as propriedades do concreto. Fixando-se pela experimentação os dois valores citados anteriormente, que é a relação agregado graúdo — agregado miúdo. O teor água-materiais secos, sabe-se que, para traços próximos do experimentado, essas relações não variarão e poderemos compor mais dois ou três traços em torno do primeiro, respeitando os valores achados.

Há várias maneiras de se aproveitar esses dados, uma delas seria, variando o traço, manter constante a porcentagem de areia no total; uma outra seria manter constante a porcentagem de argamassa ótima determinada no ensaio com traço médio, e uma terceira maneira seria manter a porcentagem de agregado miúdo no agregado total. A primeira maneira deve ser rejeitada, pois haveria um acréscimo muito grande de argamassa para traços mais ricos que o utilizado na parte experimental, e deficiência no caso contrário. A segunda maneira nos parece mais razoável, pois, mantendo a quantidade de agregado graúdo, manter-se-ia o índice de vazios, sendo necessária a argamassa para preencher esses vazios. A terceira maneira tem como principal vantagem manter constante a granulometria do agregado total.

Qualquer dessas duas últimas maneiras conduz a concretos bem proporcionados.

Tendo em vista esses traços, moldam-se corpos de prova que, ensaiado nas idades pré-fixadas, normalmente 7 e 28 dias, permitem o traçado da curva de Abrams (relação entre resistência mecânica e fator água-cimento). Adotando-se, por exemplo, a própria expressão de Abrams, as contas poderão ser determinadas pelo método dos mínimos quadrados.

Da curva traçada para uma certa idade, pode-se determinar o fator água-cimento e através da expressão

$$x = \frac{H}{100} (1 + m)$$

determina-se o valor do traço,

$$m = \frac{100x}{H} - 1,$$

o desenvolvimento do traço se faz através da relação pedra-areia e temos

$$1 : a : p : x.$$

Finalmente, através dos pesos unitários, o traço pode ser dado da seguinte forma: cimento, em peso, e agregados, em volume, quantidades de material por saco de cimento ou consumo de material por metro cúbico de concreto.

Considerando-se a durabilidade, pode-se fixar o fator água-cimento máximo (dados do A.C.I.). Geralmente é fixado o consumo mínimo de cimento. Nesse último caso o traço é calculado a partir da fórmula

$$C = \frac{1\,000}{0,32 + \dfrac{a}{\gamma_a} + \dfrac{p}{\gamma_p} + x}, \quad (C \text{ em kg/m}^3),$$

Concreto armado **63**

donde

$$m = \dfrac{\dfrac{1\,000}{C} - \dfrac{H}{100} - 0,32}{\dfrac{1}{\gamma_{ag}} + \dfrac{H}{100}},$$

sendo γ_{ag} a média dos valores γ_a e γ_p, massas específicas absolutas dos agregados miúdo e graúdo.

Método INT

Generalidades — Sabemos que o fator água-cimento é de suma importância na resistência mecânica do concreto, variando essas propriedades com o inverso da quantidade de água empregada. A lei de Abrams é válida, pelo menos para a faixa de concretos de qualidade satisfatória, para a maioria das aplicações.

Podemos obter rapidamente qualquer fator água-cimento para a correspondente tensão de dosagem, com o auxílio de curvas ou retas nos gráficos semilogarítmicos. O fator água-cimento a ser adotado na dosagem deverá ser, evidentemente, o menor dos dois valores obtidos de acordo com os critérios anteriormente estabelecidos, ou seja, resistência mecânica e durabilidade. Tendo em mãos, o fator água-cimento, a etapa seguinte consiste em fixar a composição ou o traço do concreto. Para re- solver esse problema, à primeira vista indeterminado, deve-se escolher a consistência, tendo-se em vista o processo de adensamento e as peças a serem executadas, ba- seando no fato de que, com o mesmo fator água-cimento, muitos concretos de diferentes proporções apresentarão a consistência necessária e suficiente para os fins em vista, os mais fluidos seriam antieconômicos, pois seria sempre possível subs- tituí-los por outros menos fluidos, de mesmo fator água-cimento; os menos plás- ticos, mais dificilmente trabalháveis, seriam incompatíveis com o processo de aden- samento adotado, com as dimensões das peças a serem executadas e com a disposição das armaduras.

Podemos nos basear na lei de Lyse, a fim de reduzirmos o número de tentativas necessárias à fixação do fator água-cimento pré-fixado e consistência conveniente. Sabemos que

$$x = \frac{H}{100}\,(1 + m) \quad \text{e} \quad m = \frac{100x}{H} - 1.$$

Para facilitar o cálculo de *m* em função de *x* e de *H*%, Lobo Carneiro construiu um ábaco que fornece, além disso, o consumo de cimento em quilogramas por metro cúbico de concreto pronto. A composição da mistura seca do cimento e dos agre- gados é chamada de *composição granulométrica do concreto*.

Método IPT

Esse método se baseia nos estudos de Abrams, sendo o agregado caracterizado pelo seu módulo de finura e considerando-se que dois agregados de mesmo módulo são equivalentes, isto é, exige-se a mesma quantidade de água para que se tenha uma determinada consistência, ou ainda, para um mesmo traço a mesma consis- tência produzam concretos de mesma resistência.

64 O EDIFÍCIO ATÉ SUA COBERTURA

Dessa maneira, pode-se traçar experimentalmente curvas para cada tipo de agregado, que nos forneçam para um determinado diâmetro máximo e uma determinada consistência, o traço cimento-agregado e o módulo do agregado. Com gráficos dessa natureza, a determinação do traço fica muito facilitada.

Fixados o fator água-cimento, o diâmetro máximo e a consistência, o gráfico fornece-nos o traço 1:m e o módulo do agregado M_m, e, portanto, conhecidos os módulos dos agregados, miúdo e graúdo, pode se determinar a porcentagem do agregado miúdo no agregado total, pois o módulo do agregado é a média ponderada dos módulos dos materiais que o compõem; assim, sendo a% a porcentagem de areia, M_m, M_a e M_p os módulos do agregado total, da areia e da pedra britada, temos

$$M_m = \frac{1}{100} \cdot M_a \frac{100 - a}{100} \cdot M_p$$

e, portanto,

$$a\% = \frac{M_p - M_m}{M_p - M_a} \cdot 100$$

e teremos, para o traço procurado, em peso,

$$1 : \frac{a}{100} m : \frac{100 - a}{100} \cdot m.$$

O traçado dos gráficos é **bastante** trabalhoso, pois eles variam para cada tipo de agregado, com o diâmetro máximo e com a consistência.

Para traçar um desses gráficos, escolhidos os agregados miúdo e graúdo para um determinado traço, deve-se ir variando a porcentagem de areia e, portanto, o módulo do agregado total, e determinando a quantidade de água necessária para que se tenha a consistência desejada; vai-se diminuindo a porcentagem de areia e, como conseqüência, o fator água-cimento, até que o concreto deixe de ser trabalhável. Consegue-se, assim, determinar o ponto ótimo que corresponde ao último par de valores, para o qual o concreto ainda é trabalhável para o traço em estudo; o ponto ótimo corresponde ao agregado que exige a menor quantidade de água para que se tenha a consistência desejada e, portanto, que permita a execução do concreto de maior resistência.

TENSÕES MÍNIMAS

A tensão na qual se baseia o cálculo das peças em função da carga de ruptura (estádio III) ou a fixação das tensões admissíveis, será igual à tensão mínima de ruptura do concreto à compressão, com 28 dias de idade, determinada em corpos de prova cilíndricas normais. Considera-se como tensão mínima de ruptura do concreto a compressão definida pelas fórmulas seguintes:

$$\sigma_R \leq 0,85_{c28},$$

quando não for conhecido o coeficiente de variação — se houver controle rigoroso, $\sigma_R = 3/4\sigma_{c28}$; se houver controle razoável, $\sigma_R = 2/3\sigma_{c28}$; se houver controle regular, $\sigma_R = 3/5\sigma_{c28}$. No caso de se prever carregamento da estrutura com idade inferior a 28 dias, substitui-se σ_{c28} por σ_{ck}.

Concreto armado   **65**

A fixação da relação água-cimento decorrerá da tensão $\sigma_{c\,28}$ calculada de acordo com as fórmulas acima, em função da tensão mínima de ruptura especificada σ_R, serão consideradas, além disso, as condições peculiares de cada obra.

A tensão mínima de ruptura a compressão do concreto σ_R não será, em caso algum, inferior a 1ʋ0 kgf cm², devendo esse mínimo ser elevado para 135 kgf/cm² quando for empregada armadura constituída por barras de aço torcidas CA-T40 ou CA-T50.

PADRÃO DE QUALIDADE — O padrão de qualidade das obras é caracterizada pelo grau de controle da execução do concreto, o qual pode ser:

a) *controle rigoroso* — quando houver assistência permanente de engenheiro na obra e todos os materiais forem medidos em peso, sendo a umidade dos agregados determinada freqüentemente e por método preciso;

b) *controle razoável* — quando apenas o cimento for medido em peso e os agregados em volume, sendo a umidade dos agregados determinada freqüentemente e por método preciso;

c) *controle regular* — quando apenas o cimento for medido em peso e os agregados em volume, sendo a umidade dos agregados simplesmente estimada.

CONSISTÊNCIA

A consistência do concreto deverá estar de acordo com as dimensões das peças a serem concretadas, com a distribuição das armaduras no interior das fôrmas e com os processos de lançamento e de adensamento a serem usados, principalmente no que se refere a lançamento por meio de bombas.

AMASSAMENTO

Amassamento ou a mistura do concreto tem por fim estabelecer contato íntimo entre os materiais componentes para se obter um recobrimento de pasta de cimento sobre as partículas dos agregados, assim como uma mistura geral de todos os materiais. O principal requisito de uma mistura é a homogeneidade, a falta desta acarreta um sensível decréscimo da resistência mecânica e da durabilidade dos concretos; amassamento pode ser manual ou mecanizado.

AMASSAMENTO MANUAL — Esse tipo de amassamento só é previsto para obras de pouca importância, onde a qualidade exigida do concreto e o volume utilizado não justificam a utilização de equipamento mecânico. A operação que se deve seguir na mistura normal do concreto vem exposta a seguir. A quantidade de areia medida é posta em cima do estrado de madeira e, em seguida, lança-se sobre ela o cimento. A areia e o cimento são então cuidadosamente misturados a seco até que a mistura apresente coloração uniforme. Reunindo a mistura no centro do estrado lança-se sobre ela pdregulho ou pedra britada e mistura-se tudo.

Para isso, o melhor é separar a massa em dois montes, misturá-los cada um por si e, depois, um com o outro.

Junta-se depois de novo toda a massa no meio do estrado em um monte, em cujo centro faz-se uma depressão ou cratera, onde é lançada a quantidade exata

66 O EDIFÍCIO ATÉ SUA COBERTURA

de água. Vai-se lançando, então, a mistura seca das bordas para dentro dessa cratera e misturando com cuidado para que a água não escoe e se perca. Desde que toda a água esteja absorvida pela massa, são feitos de novo dois montes separados, misturados de per si e depois um com o outro, até que toda a mistura fique uniforme e perfeita.

Não se permite realizar de cada vez, o amassamento de um volume de concreto superior a 350 litros.

AMASSAMENTO MECÂNICO — Quanto à mistura mecânica, é feita em máquinas especiais denominadas betoneiras, que em princípio é constituída de um tambor ou cuba, fixa ou móvel em torno de um eixo que passa pelo seu centro, no qual a mistura se efetua.

As betoneiras se dividem em intermitentes e contínuas. As intermitentes podem ser de queda livre (eixo inclinado ou horizontal) e forçadas (cuba fixa ou contracorrente); as contínuas podem ser de queda livre e forçadas.

Entre os misturadores de concreto, o mais comumente usado é a betoneira intermitente de queda livre, de eixo horizontal ou inclinado.

Ainda a respeito de mistura do concreto, podemos ressaltar que a) em quase todos os trabalhos com concreto, a mistura é feita por máquinas, por causa da mão-de-obra economizada e da melhor homogeneização. Se a mistura é feita manualmente, deve-se adicionar 10% a mais de cimento para compensar a queda de resistência proveniente desse tipo de mistura; b) um misturador pode ser bastante satisfatório com concreto de uma determinada consistência e dar maus resultados com concreto de outra; e c) a condição para que um misturador seja bom é que dê uma mistura homogênea no mínimo tempo. É muito difícil precisar-se o tempo de mistura, pois depende do misturador, da trabalhabilidade do concreto e dos próprios materiais que o compõem. Como exemplo, daremos a seguir uma noção aproximada do tempo, para uma betoneira de tamanho médio, intermitente de eixo inclinado, de um ciclo normal de produção do concreto.

Operação	Tempo requerido
Carga do misturador	15-20 s
Mistura	75-100 s
Descarga do misturador	15-25 s
Retorno para a posição de carga	10-15 s

Pelo que se conhece das propriedades concernentes à mistura, é o número de revoluções da betoneira que interessa, por isso não se deve alterar a velocidade do misturador, sendo esta, geralmente, de 20 rpm.

A melhor ordem de lançamento dos materiais depende do tipo de misturador e do tamanho dos agregados que vão ser usados, mas em geral utiliza-se a seguinte ordem:

1) parte do agregado graúdo mais parte da água de amassamento;
2) cimento mais o restante da água e a areia;
3) restante do agregado graúdo.

Concreto armado 67

MISTURADORES INTERMITENTES — São assim chamados devido à necessidade que têm de interromper o funcionamento da máquina para a operação de carga. São divididos em misturadores de queda livre e forçados; os de queda livre utilizam a força de gravidade na execução da mistura, ao passo que nos forçados ela não é utilizada.

BETONEIRAS INTERMITENTES DE QUEDA LIVRE — Para elas são definidos três gêneros de capacidade: a) capacidade da cuba; b) capacidade de mistura; c) capacidade de produção. A primeira capacidade refere-se ao volume total da cuba; a segunda representa o volume de carregamento dos materiais isolados, ou seja, antes da mistura; a terceira se relaciona ao volume de concreto fresco produzido por betonada.

Misturadores de eixo horizontal. Existem em vários tamanhos, variando a capacidade de produção entre 140 litros a 3,00 m³; são constituídos de um tambor cilíndrico que gira em torno de um eixo horizontal. Nos de menor tamanho, os materiais não-misturados são carregados por meio de uma pequena caçamba que é levantada por um sistema de roldana, em direção a uma abertura central, situada em um dos lados do misturador, e, depois de misturados, são descarregados através de uma abertura semelhante àquela citada, mas situada do lado oposto. A ação misturadora é feita por lâminas ou pás fixadas no interior da cuba, que levantam e rolam o concreto sobre si mesmo, e deixam-no cair livremente. A descarga é efetuada por meio de uma calha de remoção, a qual é inserida na abertura de saída do concreto da betoneira (Fig. 4.4).

Esse tipo de betoneira tem sido muito usado, principalmente em pequenos tamanhos, mas não é completamente satisfatório para o uso de misturas muito secas, pois há uma dificuldade em descarregá-las completamente, pois o concreto tende a aderir às paredes da betoneira.

A relação entre a capacidade de mistura e a da cuba está entre 0,35 e 0,40, para essas betoneiras, e a relação entre a capacidade de produção e a de misturar está em torno de 0,7.

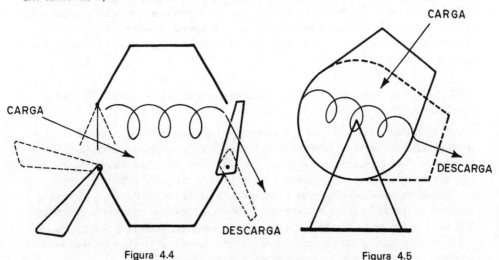

Figura 4.4   Figura 4.5

68   O EDIFÍCIO ATÉ SUA COBERTURA

Misturadores de eixo inclinado — Foram originalmente limitados a pequenos tamanhos; contudo, a necessidade de um misturador capaz de produzir grandes quantidades de concreto com um agregado de grande tamanho, para a construção de barragens, permitiu o seu desenvolvimento, e agora podem ser obtidos com capacidades que variam entre 0,1 m³ e 5,00 m³ de concreto misturado.

Ela é carregada manualmente ou levantada mecanicamente por uma caçamba, sendo a abertura da cuba inclinada durante a operação. A descarga é efetuada pela mesma abertura de entrada, porém é inclinada de tal modo que o seu conteúdo caia por meio da gravidade (Fig. 4.5).

Seu uso é mais satisfatório para misturas muito secas que as de eixo horizontal, possuindo ação de descarga mais positiva.

A relação entre a capacidade de mistura e a da cuba está entre 0,6 e 0,7, e a relação entre a capacidade de produção e a da mistura está em torno de 0,7.

BETONEIRAS INTERMINENTES FORÇADAS — Há dois tipos de betoneiras intermitentes forçadas: o de cuba fixa e o de cuba móvel; nos dois a massa é revolvida pela movimentação das pás em seu interior. Na betoneira de cuba móvel, esta se movimenta em sentido contrário ao das pás (betoneira de contracorrente). É necessário que um grande número de partículas se ponham em contato umas com as outras, a fim de que se obtenha a melhor mistura possível; interessa, pois, que cada partícula percorra o maior caminho dentro do misturador. As pás são excêntricas, descrevendo círculos de diferentes raios.

Os misturadores forçados intermitentes são mais pesados que os do tipo gravidade, são por isso máquinas mais caras e sujeitas a maior desgaste, já que o preço cresce com o peso.

Tais misturadores produzem concreto muito homogêneo, sendo fácil de carregar e descarregar. São particularmente usados para concretos secos. A descarga é efetuada através de um buraco no centro do fundo da panela, o qual é aberto e fechado por meio de um dispositivo. Uma lâmina curvada para dirigir o concreto em direção ao buraco de descarga pode retardar ou acelerar a operação, conforme se queira. A ação da mistura é muito eficiente e o tempo requerido é pequeno, produzindo-se um concreto de alta qualidade. O tempo de mistura, em média, é de aproximadamente 45 segundos.

MISTURADORES CONTÍNUOS — São aqueles em que não é preciso interromper o funcionamento da máquina para carregá-la.

1) *Misturador contínuo de queda livre* — Consiste num tubo cilíndrico, levemente inclinado sobre a horizontal, móvel e provido de pás orientadas convenientemente, que funcionam como um parafuso sem fim, conduzindo o material, que é despejado na parte superior e sai misturado na parte inferior.

Pequenos silos são dispostos ao longo do misturador, contendo o cimento e o agregado, separadamente. A abertura desses reservatórios controla a quantidade que sai e assim podemos ajustar convenientemente para obter o traço desejado. A entrada da água se faz de modo semelhante: provém de um tanque cuja vazão é regulada através de uma válvula manual.

A dosagem é feita em volume e apresenta a vantagem da grande produção e da utilização de quaisquer concretos. A desvantagem apresentada é que a produção não pode ser interrompida, pois a cada início e fim de funcionamento tem-se a produção de um concreto de características diferentes das desejadas. Também é importante notar que, devido à difícil observação das proporções da mistura, não se pode admitir variação nas massas específicas dos agregados e, por essa razão, o fornecedor dos agregados não pode ser mudado.

Esses misturadores normalmente têm uma capacidade de produção superior a 20 m³ de concreto por hora, e alimentados convenientemente darão um concreto de resistência (aos 28 dias) superior a 350 kgf/cm².

2) *Betoneira contínua forçada* — É o tipo mais moderno de misturador; é formada de uma cuba semicilíndrica, alongada, fixa, inclinada, em cujo interior gira um parafuso sem fim (Fig. 4.6). A carga é feita pela parte mais baixa, e o concreto sai misturado, pela parte superior. O concreto produzido é muito homogêneo, e a mistura é rápida e perfeita. Trata-se de misturador indicado quando o transporte se faz também por processo contínuo (correia transportadora ou bomba), ou ainda quando se executam grandes quantidades de concreto. Haverá a necessidade de grande número de operários, para a alimentação da betoneira e o transporte e lançamento do concreto.

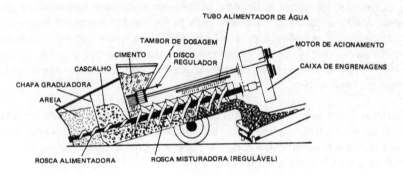

Figura 4.6

Quando a obra é pequena, ou não aparelhada para sua utilização, perde quase todas as vantagens, precisando-se interromper freqüentemente a máquina, resultando em heterogeneidade e ainda no não aproveitamento integral dos operários em serviço. Podemos citar, como vantagens: a rapidez na mistura e a não necessidade de se proceder a medida dos materiais, uma vez regulado o traço a utilizar; além disso, pode-se despejar o concreto diretamente no local de assentamento de certas peças estruturais, como por exemplo, as fundações, eliminando o transporte. Como inconvenientes, podemos citar os seguintes: a limitação dos tipos de traço a ser utilizado, seja nas dosagens de cimento, seja no proporcionamento dos agregados fino e grosso, assunto importante quando se passa do seixo rolado à pedra britada; a dosagem é feita em volume, o que acarreta erros devidos à variação de umidade do agregado miúdo e conseqüente inchamento.

70   O EDIFÍCIO ATÉ SUA COBERTURA

TRANSPORTE

O concreto deve ser transportado do local de amassamento para o de lançamento tão rapidamente quanto possível e de tal modo que mantenha sua homogeneidade, evitando-se a possível segregação dos materiais, transporte este que poderá ser na direção horizontal, vertical ou oblíqua.

Os principais meios de transporte, desde o misturador, são enumerados a seguir.

POR MEIO DE CARROS — Carrinhos de mão e motorizados, vagonetes, etc.

a) Carrinho de mão — são usados geralmente com pneus de borracha e se aplicam em pequenas empreitadas e onde a distância de transporte (horizontal) é pequena e ainda sobre terrenos lamacentos ou em outras situações onde pranchas devem ser usadas.

b) Carrinhos motorizados — são usados para transportar concreto geralmente para distâncias de até 300 m sobre chão áspero.

GUINCHOS E CALHAS — Nesse sistema o concreto é elevado em reservatórios através de uma torre central e distribuído diretamente ao local a ser concretado, ou para que o transportem até o local de concretagem. Caso o concreto esteja situado em local mais elevado que as fôrmas a serem concretadas, podem ser utilizadas calhas, que são tubos inclinados, ou feitas de madeira e revestidas de chapas, por onde desliza o concreto. Para concretos muito plásticos esse sistema pode oferecer uma solução econômica para o problema de lançamento; em compensação poderá ser necessário o uso de vibradores em caso de concretos secos. Quando o sol é forte, deve-se proteger o concreto das calhas, contra uma secagem excessiva, por meio de uma cobertura.

CORREIAS — É um processo contínuo de transporte que traduz grande rendimento, porém necessita de largo espaço para a sua instalação e por isso só é usado em casos especiais como em usinas-produtoras de concreto pré-misturado. É necessário que a correia seja lavada após o fim de cada jornada.

CAMINHÕES-BETONEIRA — São veículos dotados de dispositivos que efetuam a mistura e mantêm a homogeneidade do concreto por simples agitação. Em lugares pouco espaçosos, onde não haja possibilidade de se fazer concreto em obra, recorré-se à aquisição de concreto pré-misturado ou concreto de usina. Concreto de usina, como é mais comumente chamado, é o concreto dosado em instalações apropriadas, misturado em equipamento estacionário, transportado por caminhões betoneira para entrega antes do início de pega do concreto, em local e tempo determinado para que se processem as operações subseqüentes à entrega, necessárias à obtenção de um concreto endurecido com as propriedades pretendidas.

CONTROLE DE CONCRETO — É a designação das instalações onde se processam as operações do traço.

CAMINHÕES BASCULANTES — Podem ser utilizados em distâncias superiores a 300,00 m, porém suficientemente pequenas para evitar o início de pega do concreto e a sua segregação. É conveniente o transporte de concretos mais secos pela menor

Concreto armado

dificuldade de segregação, que pode ser minimizada pelo esborrifamento de água sobre a carroceria do caminhão, evitando o empilhamento cônico.

SISTEMA "MONORAIL" (caçambas) — É usado quando as condições do chão são favoráveis para o transporte normal com rodas e também quando grandes quantidades de concreto tiverem que ser transportadas. A necessidade da provisão de uma linha especial é desvantajosa e antieconômica, porém elas asseguram um transporte regular sobre condições difíceis. O trilho pode ser arrumado a tal altura que o concreto pode ser lançado diretamente nas fôrmas. Esse sistema também pode ser utilizado para o transporte de outros materiais antes do concreto.

BOMBAS DE CONCRETO — O uso de bombas de concreto como meio de transporte para concretos recém-misturados deve ser aumentado no futuro. Em lugares ocupados, onde é inconveniente ou impossível localizar o misturador perto do lugar de aplicação ou perto do local de depósito dos materiais que constituem a mistura, a bomba de concreto soluciona esse problema. Essas condições são mais comuns em cidades onde haja grande incidência de construção de edifícios, porém o seu uso também é recomendado para conjuntos residenciais, pois evita o transporte, bem

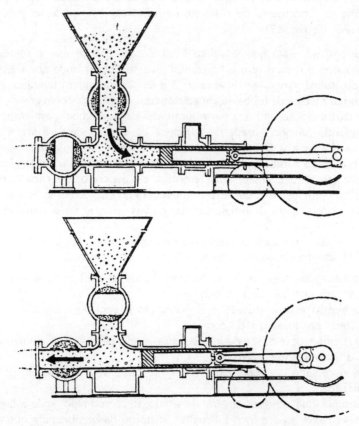

Figura 4.7   Esquema do funcionamento de uma bomba

72 O EDIFÍCIO ATÉ SUA COBERTURA

como nova localização das betoneiras de casa para casa e também evita o uso de jericos, carrinhos de mão, etc. (Fig. 4.7).

Existem três tipos básicos de bombas utilizadas para o transporte e lançamento do concreto: a) de um único pistão de ação; b) de dois pistões ativos, e c) por ação de compressão para forçar o concreto através da tubulação.

As bombas possuem capacidades diversas que dependem de vários fatores, tais como, potência da bomba, diâmetro e comprimento da tubulação, etc. Em muitos tipos de bomba a velocidade do pistão é variável, podendo-se ajustá-la à que melhor nos convier em cada caso. A máxima distância a que o concreto pode ser bombeado horizontalmente, utilizando-se apenas uma bomba, varia em torno de 300 m. Quando um movimento vertical se torna necessário, a distância máxima deve ser calculada na base de que 1 m na vertical equivale, aproximadamente, a 8 m na horizontal; também não se deve esquecer os comprimentos horizontais equivalentes às curvas ou singularidades que por acaso existirem.

Quando bombeado, o concreto é lançado no depósito de alimentação da bomba que geralmente possui um agitador para movimentá-lo. A sucção, isto é, a admissão do concreto na bomba coincide com o fechamento de uma válvula existente na tubulação, enquanto abre-se uma no depósito de alimentação, ocorre justamente o contrário no lançamento do concreto na tubulação (isso pode ser melhor entendido através da Fig. 4.7).

TUBULAÇÃO — No que se refere à tubulação deve-se usar o menor comprimento possível e o mais reto e horizontal para se chegar onde queremos. Os diâmetros dos tubos variam geralmente de 3 a 8 pol e permitem também que seções (isto é, comprimentos de tubos) sejam adicionados ou retirados com grande facilidade. O início da tubulação, isto é, a parte junto à saída da bomba, deve ser reto e horizontal, quando há necessidade da mudança de direção deve-se preferir duas ou três curvas fracas a uma curva acentuada, facilitando, assim, o bombeamento.

Se por acaso a tubulação for muito longa, poderão ser utilizadas bombas em série, mas isso requer, então, uma remistura do concreto, em cada bomba intermediária, com um agitador. Dependendo também do tipo de bomba, haverá a necessidade do ancoramento da tubulação, nas curvas em que a sua movimentação for mais fácil.

Para se obter um melhor rendimento no transporte e lançamento do concreto através do sistema de bombas, deve-se, sempre que possível, observar o seguinte:

a) a tubulação deve ser o mais horizontal possível e a bomba deve ser instalada na direção em que irá lançar o concreto;

b) a bomba e os misturadores do concreto devem ter a posição mais central possível, bem próximos um do outro.

c) a bomba deverá ser deslocada para locais de melhores condições, se for possível a sua movimentação;

d) é necessário um suprimento constante de água para lavagem da bomba e da tubulação;

e) sempre que possível, deverá ser usado ar comprimido, após a lavagem;

f) deve haver espaço livre suficiente, em torno da bomba, para que a sua manutenção e reparos sejam feitos com facilidade.

Concreto armado **73**

Vale a pena lembrar que na atualidade, geralmente as bombas utilizadas são, na grande maioria, propriedade das próprias companhias fornecedoras de concretos, sendo então que os últimos três itens acima mencionados não serão de responsabilidade dos executores da obra, mas sim da própria companhia.

O concreto para o transporte e lançamento por bomba — O melhor concreto para bombeamento necessita de uma mistura razoável; para misturas muito plásticas ou muito secas esse processo torna-se impróprio. O uso de bombas direcionais permitem um controle excelente de qualidade, enquanto que variações na consistência da mistura podem nos causar problemas sérios, principalmente o bloqueamento da tubulação. É essencial também um controle cuidadoso dos agregados, assim como das quantidades dos diferentes materiais que comporão a mistura. O concreto para bombeamento deve apresentar um *slump* variando entre 4,0 e 8,0 cm, e o seu bombeamento será mais fácil se a relação cimento-agregados não ultrapassar a razão 1:6 em peso; o diâmetro máximo do agregado graúdo dependerá do diâmetro da tubulação, sendo que o transporte é mais facilmente feito quando o agregado graúdo tender à forma redonda, como por exemplo o seixo rolado.

Operação — Antes de se ligar a bomba, é necessário ter-se certeza de que: a) não há obstrução no depósito de alimentação; b) o agitador está se movendo livremente; c) todas as juntas da tubulação estão bem feitas e seguras; e d) o sistema do pistão de fluxo está conectado com um amplo suprimento de água limpa.

No início de um dia de trabalho, é aconselhável jogar-se de 15 a 20 galões de água através da tubulação, o que nos certificará de que ela está limpa e úmida, pronta, portanto, para receber o concreto. O sistema pode ser ligado para um breve aquecimento inicial, sendo que a bomba deve iniciar o seu movimento vagarosamente.

Depois o concreto é bombeado através da canalização, que deve ter sido lubrificada inicialmente com uma ou duas "doses" de uma argamassa de cimento e areia. A primeira quantidade de concreto deve, então, ser jogada no depósito da bomba e esta deve ser movida, enquanto que o concreto também deve ser movido. Muitos tipos de bombas possuem agitadores que devemos ter a certeza de estarem girando livremente; se eles não existirem torna-se muito provável a necessidade de uma agitação manual. O operador deve estar certo de que: a) não existe nenhum elemento estranho no armazenador da bomba que possa vir a bloquear as válvulas ou a tubulação; b) o nível de concreto no armazenador não seja demasiadamente baixo; e c) um concreto impróprio não seja colocado na bomba. A bomba deverá ser parada imediatamente se ocorrer algo em contrário a essas determinações, e no caso c) o concreto deverá ser removido imediatamente. O bombeamento deverá sempre ser resumido tanto quanto for possível. Se por algum motivo o bombeamento precisar ser suspenso por algum tempo, o concreto na tubulação deverá ser removido através de alguns movimentos do pistão, evitando-se um possível entalamento. O bombeamento deverá sempre ser suspenso quando secções de canos devem ser adicionadas à canalização já existente, devendo-se lembrar que se forem adicionados comprimentos durante o correr da concretagem, eles deverão também ser umedecidos, sem no entanto permanecer água livre no seu interior; no caso de ser retirada alguma parte deve-se retirar todo o concreto que por acaso existir e limpá-la

74   O EDIFÍCIO ATÉ SUA COBERTURA

imediatamente. Cuidados especiais também devem ser tomados quando se trabalha em condições extremas de temperatura.

Limpeza — Para limpar o concreto remanescente na tubulação, o comprimento de tubo próximo da bomba deverá ser retirado e limpo isoladamente. O concreto é, então, forçado para fora através de água sob pressão ou por meio de ar comprimido; nesse caso, cuidados especiais devem ser tomados. Quando se optar pela limpeza por água sob pressão se terá a vantagem de que não será necessário lavar a tubulação depois de retirado o concreto.

Obstrução da tubulação — As obstruções que venham a existir na tubulação poderão ter sua origem num dos seguintes fatos:

a) bloqueamento com ar, originado pelo fato de o depósito de alimentação da bomba ficar vazio durante o bombeamento;

b) concreto demasiadamente seco ou molhado;

c) concreto procedente de má mistura;

d) concreto deixado na tubulação por muito tempo;

e) insuficiência de agregado miúdo no concreto;

f) vazamentos nas juntas dos tubos.

No caso a) a bomba deverá ser parada, caso o depósito nos pareça completamente vazio, até que uma nova quantidade de concreto seja colocada; deverá ser feita a remoção imediata do concreto nos casos b), c) e e); já o caso f) não ocorrerá se as juntas forem verificadas cuidadosamente todos os dias, ou até mais de uma vez num dia.

Transcrevemos a seguir alguns dados relativos à utilização de uma bomba de concreto.

a) Condições para o concreto: índice de consistência mínimo ou *slump test,* 6 cm.

b) Altura de recalque: aproximadamente 60 m.

c) Vazão contínua: 40 m^3/h.

d) Custo: 20% a mais que o concreto entregue em caminhões-betoneira.

LANÇAMENTO

O concreto deve ser lançado, assim que misturado, não sendo permitido intervalo superior a 30 min entre o amassamento e o lançamento. Não se admite o uso de concreto remisturado.

Quando o lançamento deve ser feito a seco em recintos sujeitos à penetração de águas, deve-se cuidar para que não haja água no local de lançamento, nem que o concreto possa ser por ela lavado.

Antes de colocar o concreto, deve-se molhar as fôrmas, para impedir a absorção da água de amassamento. As fôrmas devem ser estanques, para não permitir a fuga da nata de cimento.

Ao sair da betoneira, há forças internas e externas que tendem a provocar a segregação dos constituintes do concreto.

Concreto armado **75**

É difícil conseguir uma separação completa entre o transporte e o lançamento do concreto, sendo que muitas vezes os próprios meios de transporte são os lançadores, como por exemplo em alguns casos de bombas, calhas e caçambas, etc.

Quando o concreto é lançado de grande altura ou é deixado a correr livremente, haverá tendência à separação entre a argamassa e o agregado graúdo.

Para se evitar a separação e incrustação da argamassa nas fôrmas e armaduras, o concreto, em peças muito delgadas, como muros, deve ser colocado através de canaletes de borracha ou tubos flexíveis, chamados de "trombas de elefante".

A altura de lançamento, em concretagens comuns, deve ser, no máximo, igual a 2 m. Quando a altura é superior, como pilares, o concreto deve ser lançado por janelas abertas na parte lateral, que vão sendo fechadas à medida que avança o concreto.

O concreto deve ser lançado o mais próximo possível de sua posição final, não devendo fluir dentro das fôrmas.

As camadas de lançamento devem ter altura igual a, aproximadamente, 3/4 da altura do vibrador.

PLANO DE CONCRETAGEM; JUNTAS — Para grandes estruturas requer-se um planejamento para o lançamento do concreto, levando-se em consideração o projeto do escoramento e as deformações que nele serão provocadas pelo peso próprio do concreto fresco e pelas eventuais cargas de serviço.

Para limitar ou prevenir as tensões desenvolvidas pelas variações sofridas, as estruturas de concreto são providas de juntas.

Além dessas juntas originárias dos prováveis deslocamentos possíveis de afetar a estrutura, ainda podem ser feitas outras, em função da interrupção do trabalho de execução, segundo o cronograma da obra.

Podemos reunir as juntas em dois tipos:

a) juntas propriamente ditas, que têm por fim permitir os deslocamentos da estrutura;

b) juntas de construção, feitas de acordo com as interrupções da execução.

As *juntas* propriamente ditas são destinadas a permitir deslocamentos provindos de retrações, expansões e contrações devidas a variações de umidade e temperatura, bem como escorregamentos e empenamentos devidos às mesmas causas, e também de flexões causadas pelo carregamento ou condição do solo de fundação.

Quando as construções devem conter água, as juntas deverão ser construídas de maneira a impedir vazamentos e a suportar pressões interiores.

As juntas podem ser completas — quando são separadas as duas partes adjacentes da estrutura, e muitas vezes pintadas as seções em contato, com material betuminoso —, ou parciais, com um enfraquecimento da seção, com o aparecimento de fissuras na região. Nesse caso, a armadura é contínua, permitindo, assim, a junta, apenas pequenos movimentos. Muitas vezes intercalamos na junta um elemento, que, não lhe dificultando os movimentos da estrutura, lhe dá continuidade. As juntas são, pois, de contração, de dilatação, de escorregamento, ou de empenamento. As do primeiro tipo atendem aos deslocamentos causados pela retração, somados, ocasionalmente, aos devidos abaixamentos de temperatura ou diminuição do teor

76   O EDIFÍCIO ATÉ SUA COBERTURA

de umidade. As do terceiro tipo são construídas para eliminar os riscos de deslocamentos de carregamentos excessivos ou de recalques diferenciais.

As *juntas de construção* são utilizadas para simplificar a execução da estrutura. As juntas puramente de construção não são próprias para eliminar os ricos oriundos dos deslocamentos, sejam quais forem as causas.

É útil, na organização do programa de execução, que a interrupção da concretagem se dê numa junta propriamente dita, aproveitando-a como junta de construção.

Freqüentemente, pela impossibilidade técnica ou econômica de lançar, continuamente, determinado volume de concreto, somos forçados a fazer juntas de construção, para não multiplicarmos as juntas propriamente ditas.

Se o concreto deve ser lançado em camadas sucessivas, a interrupção entre duas camadas dá origem a uma junta de construção horizontal.

Quando não pudermos evitar a junta de construção, ou substituí-la por junta efetiva, devemos tomar as precauções a seguir.

a) Tornar a superfície do concreto antigo rugosa, mediante esfrega com escova de aço, jato de areia ou jato de água (se o concreto ainda está novo), de modo que o agregado miúdo e a camada de pasta sejam removidos, e o agregado graúdo fique aparente. No lançamento do concreto devem-se tomar providências para que o acabamento da camada não torne a superfície lisa.

b) A superfície deve ser perfeitamente limpa, livre de material solto, pó, etc. A limpeza pode ser feita por jato de água ou de ar comprimido, caso seja necessário.

c) No caso de não ser utilizado jato de água, a superfície deve ser abundantemente molhada.

d) Espalha-se sobre o concreto uma camada de argamassa, de composição idêntica à que faz parte do concreto (traço da ordem de 1:3 e fator água-cimento o mesmo do concreto).

e) O concreto é lançado a seguir, misturando ambas as camadas no adensamento, se for concreto novo.

Se desejarmos eliminar o efeito da retração, é possível utilizar uma junta de construção, a qual ficará aberta até que se tenha verificado a maior parte da retração, sendo depois preenchida. Nesse caso, a estrutura deverá ser protegida das variações de temperatura e não pode haver recalques diferenciais, pois para ambos os incidentes, a junta é ineficiente.

ADENSAMENTO DO CONCRETO

O adensamento do concreto lançado tem por objeto deslocar com esforço, os elementos que o compõem e orientá-los para se obter maior capacidade, obrigando as partículas a ocupar os vazios e a desalojar o ar do material. Os processos de adensamento podem ser manuais, socamento ou apiloamento, e mecânicos, por meio de vibrações ou centrifugação. Além disso, podem-se considerar processos especiais de adensamento, tais como a concretagem a vácuo, etc.

O adensamento manual é o modo mais simples, consiste em facilitar a colocação do concreto na fôrma e entre as armaduras, mediante uma barra metálica, cilíndrica e fina, ou por meio de soquetes mais pesados. Tanto num caso como no outro, o

Concreto armado 77

concreto deve ter consistência muito plástica. No caso da barra, esta deve atravessar a camada de concreto e penetrar parcialmente na inferior. Quando se utilizam soquetes, submete-se a camada de concreto a golpes repetidos, sendo mais importante o número de golpes do que a potência de cada um, desde que a potência de cada golpe ultrapasse um valor determinado.

A espessura das camadas não deve exceder a 20 cm. Esses processos só se aplicam a peças de pequena responsabilidade, pequena espessura e pouca armadura.

A vibração permite também, além da desaeração, dar ao concreto uma maior fluidez, sem aumento da quantidade de água, e determina a ascensão à superfície do excesso da água de amassamento e da pasta de cimento. Com isso, são melhoradas sensivelmente todas as características do concreto: compacidade, resistência à compressão, impermeabilidade, aderência, retração e durabilidade.

A vibração aplicada diretamente à armadura tem sérios inconvenientes, pois, ao entrar em vibração, pode deixar um espaço vazio a seu redor, eliminando assim a aderência. Para evitar isso, após a vibração da armadura, deve-se dar uma passada final no concreto, evitando qualquer contato com a ferragem. No caso de peças pré-fabricadas em usina, utiliza-se o vibrador externo sob a forma de mesa vibratória. Fabricam-se, assim, peças ornamentais, blocos, telhas, postes, dormentes, etc.

A centrifugação é particularmente interessante no caso de fabricação de elementos de revolução pré-fabricados: postes, tubos, etc.

Dada a natureza do sistema, produz-se, durante o processo, uma classificação em tamanhos. Os elementos mais graúdos são lançados para a parte exterior da peça, ficando no interior uma alta concentração de pasta de cimento. No caso de tubos, isso não apresenta inconvenientes, pois fica assegurada alta impermeabilidade ao tubo e uma superfície interior com pouca rugosidade.

As fôrmas são metálicas e giram com velocidade reduzida durante o carregamento, aumentando-se esta (cerca de 12 a 24 m/s), uma vez cheia a fôrma. O tempo de centrifugação varia com o tamanho da peça; em geral, vai de 2 a 10 min. Um excesso de tratamento pode prejudicar o produto final pela separação excessiva em tamanhos.

Conforme sua aplicação, distinguem-se três tipos de vibradores de imersão ou internos, de superfície e externos ou de fôrmas, podendo ser elétricos, com motor de explosão, a ar comprimido e eletromagnéticos.

As características principais de um vibrador são a freqüência, a amplitude e a potência. Quanto à freqüência, os vibradores podem ser:

1) de baixa freqüência, 1 500 vibrações/min;
2) de média freqüência, 3 000-6 000 vibrações/min;
3) de alta freqüência, 6 000-20 000 vibrações/min.

Cada grão da granulometria total do concreto tem uma freqüência própria de vibração, isto é, a freqüência para a qual ele vibra em ressonância com a fonte vibratória.

A baixa freqüência põe em movimento os grãos maiores do agregado graúdo e a alta freqüência vibra a argamassa. A vibração à baixa freqüência exige, portanto, maior potência do vibrador, pois deve movimentar os grãos maiores do agregado

78 O EDIFÍCIO ATÉ SUA COBERTURA

graúdo, de maior massa. Os vibradores de argamassa são, sob esse aspecto, mais econômicos.

A argamassa, quando em vibração, atua como um lubrificante entre os agregados graúdos, facilitando sua acomodação.

Raio de ação de um vibrador: é a distância além da qual o vibrador não exerce mais sua influência. O efeito da vibração diminui quando nos afastamos do vibrador, segundo uma lei aproximadamente parabólica. O raio de ação de um vibrador pode ser determinado experimentalmente, deixando-se uma vara de ferro cravada no concreto fresco, a diferentes distâncias do vibrador, e medindo-se sua vibração.

O raio de ação é proporcional à raiz quadrada da potência: para duplicar-se o raio é necessário quadruplicar-se a potência.

O raio de ação depende, além da potência do vibrador, das características do concreto, não ultrapassando, porém, 60 cm.

A aplicação de um vibrador deve ater-se aos seguintes cuidados:

a) as posições sucessivas devem estar a distâncias inferiores ou iguais ao raio de ação do vibrador; ou, seja, oito a dez vezes o diâmetro da agulha;

b) o aparecimento de ligeira camada de argamassa na superfície do concreto, assim como a cessação quase completa de desprendimento de bolhas de ar, correspondem ao término do período útil de vibração; daí em diante, o efeito da vibração será negativo pela separação cada vez maior dos elementos da mistura, determinando heterogeneidade e segregação;

c) as camadas de concreto lançadas devem ter altura inferior ao comprimento da ponta vibrante dos vibradores de imersão, a fim de homogeneizar perfeitamente o concreto em toda a altura da peça;

d) a inserção da ponta vibrante no concreto deve ser rápida e sua retirada muito lenta, ambas com o aparelho em funcionamento. A retirada demasiado rápida ou com o vibrador desligado poderá deixar um vazio na massa de concreto;

e) a ponta da agulha deverá penetrar na camada anteriormente vibrada, cerca de 10 cm a fim de assegurar uma perfeita adesão entre esta e a camada que está sendo depositada na fôrma.

CURA

As superfícies do concreto, expostas a condições que acarretam a secagem (perda da água de amassamento) prematura, deverão ser protegidas por meios adequados, de modo a conservarem-se úmidas durante pelo menos sete dias contados a partir do dia do lançamento.

ARMADURA PARA CONCRETO

Denomina-se *concreto armado* à associação do aço ao concreto, com a finalidade de melhorar a resistência desse a determinados tipos de esforços. Essa associação tornou-se possível graças aos seguintes fatores: à boa aderência entre ambos os materiais; à quase igualdade dos respectivos coeficientes de dilatação térmica, e à proteção do aço contra a corrosão, quando convenientemente envolvido pelo concreto. As barras e fios de aço destinados à armadura de concreto armado deverão preliminarmente satisfazer as seguintes condições gerais:

Concreto armado 79

a) apresentar suficiente homogeneidade quanto às características geométricas;

b) apresentar-se isentos de defeitos prejudiciais, tais como, bolhas, fissuras, esfoliações, corrosão.

Classificam-se como barras os produtos obtidos por laminação e como fios os de bitola $\varnothing$ 10 mm, ou inferior, obtidos por trefilação. O comprimento usual das barras é de 11,00 m, com tolerância de $\pm 9\%$. De acordo com a configuração do diagrama tensão-deformação e com o processo de fabricação, as barras e fios poderão ser:

a) aço classe A, com escoamento definido, caracterizado por patamar no diagrama tensão-deformação, laminado a quente;

b) aço classe B, com tensão de escoamento convencional, definido por uma deformação permanente de 0,2%, encruado por deformação a frio (torção, compressão transversal, estiramento, relaminação a frio, trefilação).

De acordo com as características mecânicas, as barras e fios serão divididos, segundo a Tab. 4.1, nas seguintes categorias: CA-24; CA-32; CA-40; CA-50; CA-60, apenas para fios.

Tabela 4.1

Características mecânicas exigíveis das barras e fios de aço destinados a armaduras de concreto armado

Categoria	Ensaio de tração				Ensaio de dobramento		Aderência	Distintivo da categoria
	Tensão de escoamento σ_e mínima kgf/mm^2	Tensão de ruptura σ_R mínima	Alongamento em 10 $\varnothing$ mínimo		Diâmetro do pino em mm (ângulo de 180°)		Coeficiente η	
			Para aço classe A	Para aço classe B	$\varnothing < 25$	$\varnothing \geqslant 25$	mínimo para $\varnothing \geqslant 10$	Cor
CA-24	24	1,3 σ_e	18%	—	1 $\varnothing$	2 $\varnothing$	1,0	Sem pintura
CA-32	32	1,3 σ_e	14%	—	2 $\varnothing$	3 $\varnothing$	1,0	Verde
CA-40	40	1,1 σ_e	10%	8%	3 $\varnothing$	4 $\varnothing$	1,2	Vermelha
CA-50	50	1,1 σ_e	8%	6%	4 $\varnothing$	5 $\varnothing$	1,5	Branca
CA-60	60	1,1 σ_e	—	5%	5 $\varnothing$	—	1,8	Azul

As barras de bitola igual ou superior a $\varnothing$ 10 mm deverão apresentar coeficiente de aderência pelo menos igual ao fixado na Tab. 4.1 para cada categoria, sendo as barras de categoria CA-50 obrigatoriamente providas de saliências ou mossas. As barras e fios de bitola inferior a $\varnothing$ 10 mm, de qualquer categoria, poderão ser lisos. Para identificação, cada barra ou fio deverá ter uma das extremidades pintada numa extensão aproximada de 10 cm, com a cor indicada na Tab. 4.1. No caso de fornecimento em rolo, ambas as extremidades deverão ser pintadas.

O peso linear real das barras deve ser igual ao seu peso nominal com tolerância de $\pm 6\%$ para bitolas iguais ou superiores a $\varnothing$ 10 mm, e de $\pm 10\%$ para bitolas inferiores a $\varnothing$ 10 mm, e para os fios essa tolerância deve ser de $\pm 6\%$. Peso nominal é o obtido multiplicando-se o comprimento da barra pela área de seção nominal respectiva e pelo peso específico de 7,85 kg/dm^3.

SEÇÃO TRANSVERSAL DE ARMADURA

Lajes — Nas lajes armadas numa só direção e nas lajes nervuradas, a armadura de distribuição deve ter, por metro, seção transversal de área igual ou superior a 1/8 de área de armadura principal, respeitado o mínimo de 0,5 cm^2 por metro.

Vigas — Nas vigas devem ser observadas as prescrições a seguir.

a) A área da seção transversal da armadura de tração não deve ser inferior àquela com a qual o momento de ruptura calculado no estádio II é igual ao momento de ruptura da seção sem armadura de tração.

Nos casos de seção retangular a seção T pode-se considerar como valor mínimo dessa área uma fração de b_0 e h, que será 0,25% quando a armadura for constituída de barras de aço CA-37 ou CA-50 e 0,15% se a armadura constituída de barras de aço CA-T-40 ou CA-T-50. Sendo b_0 = largura da nervura das vigas de seção T (nas vigas de seção retangular significa o mesmo que b).

b) A distância entre o centro de gravidade da armadura de tração e o ponto de seção dessa armadura mais afastado da linha neutra não deve ser maior que 6% da altura útil, para que sua seção transversal possa ser considerada como concentrada no centro de gravidade.

c) Nas mesas das vigas de seção T deve haver armadura perpendicular à mesma, que se estenda por toda essa largura útil, com seção transversal de no mínimo 1,5 cm^2 por metro.

Pilares não-cintados — A armadura longitudinal de um pilar não-cintado deve ter seção transversal compreendida entre 0,8% e 6% da seção do pilar.

Pilares cintados — A armadura longitudinal dos pilares, cintados deve ter uma seção transversal compreendida entre 0,8 e 8% da seção do núcleo.

ESPAÇAMENTO DAS BARRAS DE ARMADURA

Lajes — Na região dos maiores momentos nos vãos das lajes, o espaçamento das barras da armadura principal não deve ser maior que 20 cm. Nas lajes armadas numa única direção, esse espaçamento não deve, também, ser maior que duas vezes a espessura da laje. Os estribos nas lajes nervuradas, sempre que necessários, não devem estar afastados de mais de 20 cm. A armadura de distribuição das lajes não deve ter menos de três barras por metro.

Vigas — A armadura longitudinal das vigas, pode ser constituída de barras isoladas ou de feixes formados por duas, três ou quatro barras, não sendo permitido o uso de feixes formados por barras de mais de 20 mm de diâmetro. O espaço livre entre barras, feixes ou luvas da armadura longitudinal de uma viga não deve ser menor que 12 mm, nem menor que o diâmetro das próprias barras, feixes ou luvas. O espaçamento dos estribos deve ser no máximo igual à metade da altura total da viga, não podendo ir além de 30 cm. Se houver armadura de compressão, indicada pelo cálculo, aquele espaçamento não pode também ser maior que 21 vezes o diâmetro das barras dessa armadura, no caso de CA-37 ou CA-50, e 12 vezes esse diâmetro no caso de aço CA-T-40 ou CA-T-50.

Concreto armado

Pilares cintados — São os que possuem armadura em hélices ou em anéis de projeção circular, que obedeça as seguintes condições: $t \leq d'/5$, $t \leq 8{,}0$ cm, sendo t = espaçamento dos estribos ou dos anéis de cintamento, de eixo a eixo, ou passo da hélice de cintamento, d' = diâmetro do núcleo.

Proteção da armadura — Todas as barras da armadura, devem ter cobrimento de concreto nunca menor que:

1,5 cm, em lajes e paredes no interior de edifícios;

1,5 cm, em vigas, pilares e arcos no interior de edifícios;

2,0 cm, em vigas, pilares e arcos ao ar livre, assim como peças em contato com o solo.

Medidas especiais de proteção devem ser tomadas sempre que elementos da estrutura se achem expostos à ação prejudicial dos agentes externos, tais como ácidos, álcalis, águas agressivas, óleo, gases nocivos, alta e baixa temperatura.

Ganchos — Todas as barras das armaduras de tração devem ter em suas extremidades ganchos semicirculares ou em ângulo agudo, dobrados sobre pino com diâmetro mínimo igual a 2,5 vezes o diâmetro da barra para aço CA-37, cinco vezes o diâmetro da barra para os aços CA-50, CA-T-40 e seis vezes o diâmetro da barra para o aço CA-T-50, e com ponta reta de comprimento não inferior a quatro vezes o diâmetro da barra. Permite-se prescindir dos ganchos nas armaduras de tração quando o diâmetro da barra não ultrapassar 7 mm para barras lisas, 10 mm para barras lisas torcidas e 14 mm para barras com mossas ou saliências, torcidas ou não. As barras das armaduras exclusivamente de compressão não devem ter ganchos.

A permanência na sua posição das barras curvadas nas zonas de tração deve ser garantida contra a tendência à retificação, por meio de estribos convenientemente distribuídos. Devem-se evitar mudanças bruscas de direção, sendo preferível prolongar as barras até a zona de compressão. O raio de curvatura de uma barra curvada não deve ser menor que dez vezes o diâmetro para as barras CA-37, treze vezes o diâmetro para as barras de aço CA-50 e CA-T-40, e quinze vezes o diâmetro para as barras de aço CA-T-50.

Comprimento de ancoragem — O comprimento de ancoragem das armaduras de tração será considerado igual a $n'\sigma_e/\sigma_r \times \delta$, sendo: σ_e, tensão de escoamento, a tração do material da armadura, nos aços que não tenham escoamento, considera-se como tensão convencional de escoamento, σ_e, aquela a que corresponde a deformação permanente de 0,2%; σ_r, tensão mínima de ruptura do concreto à compressão; δ, diâmetro de uma barra da armadura longitudinal; podendo n' ter os valores seguintes:

barras lisas com ganchos nas extremidades, $n' = 2{,}5$;

barras lisas sem ganchos nas extremidades, $n' = 3{,}0$;

barras lisas torcidas com ganchos nas extremidades, $n' = 2{,}0$;

barras lisas torcidas, com ganchos nas extremidades, $n' = 2{,}5$;

barras com mossas ou saliências, torcidas ou não, com ganchos nas extremidades, $n' = 1{,}6$;

barras com mossas ou saliências, torcidas ou não, sem ganchos nas extremidades, $n' = 2{,}0$.

82   O EDIFÍCIO ATÉ SUA COBERTURA

As armaduras devem ser de preferência ancoradas em zona de compressão. Para as peças em balanço os comprimentos de ancoragem dados anteriormente serão aumentados de 50%. A verificação do comprimento de ancoragem é dispensada para barras com ganchos nas extremidades que satisfaçam a condição $\delta \leq 10 \sqrt[3]{l} \leq$ ≤ 26 mm (sendo δ dado em mm e l, em metros) nos seguintes casos:

a) quando a armadura terminar na zona comprimida;

b) quando a armadura for prolongada até o apoio, desde que a largura deste último seja, no caso de vigas, superior a 1/20 do vão e que não haja cargas concentradas a uma distância do apoio inferior a cinco vezes a largura deste.

Emendas — As barras sujeitas a tração sempre que possível não serão emendadas. Não pode haver mais de uma emenda na mesma seção transversal da peça. Para cada grupo de cinco barras ou fração, exceto no caso de luvas, desde que entre elas exista, na direção transversal, o afastamento previsto, a distância mínima permitida entre duas emendas de uma mesma barra é de 4 m.

As emendas podem ser feitas de três modos:

1) por justaposição — o seu comprimento será no mínimo igual ao comprimento de ancoragem, definido anteriormente; esse tipo de emenda não pode ser executado em tirantes e em pendurais, nem em barras com diâmetro maior que 26 mm;

2) com luvas — o metal das luvas deve ter as mesmas características que as das barras; nos cálculos, será considerada a seção útil em cada seção transversal, descontada a altura dos filetes, devendo o comprimento da zona rosqueada ser suficiente para transmitir o esforço; não é permitido rosquear barras de aços torcidas (CA-T-40 e CA-T-50).

3) com solda — só será feita em barras não-torcidas, salvo permissão excepcional.

FÔRMAS DE MADEIRA PARA ESTRUTURAS DE CONCRETO ARMADO DE EDIFÍCIOS COMUNS

A execução de estruturas de concreto armado exige a construção de fôrmas com dimensões internas correspondendo exatamente às das peças da estrutura projetada. A não ser em casos de peças de grandes vãos e grandes alturas, cujas fôrmas exigem projetos e cálculos especiais não se calculam, em geral, as fôrmas para estruturas de edifícios comuns, as quais são executadas de acordo com a prática dos mestres-de-obras e superficialmente verificadas pelos construtores.

Essa circunstância tem ocasionado muita diversidade de critério na utilização do material, que em algumas obras é empregado em excesso, ao passo que em outras é deficiente, com evidente prejuízo, nesse último caso do aspecto exterior, e quiçá da resistência das peças da estrutura, em conseqüência da deformação exagerada das fôrmas.

A uniformização das espécies e dimensões das madeiras usadas, bem como da nomenclatura e dimensões das peças que compõem as fôrmas, e tabelas de aplicação imediata, dignas de confiança, seriam extremamente vantajosa, não só por facilitarem a fiscalização do consumo da madeira nas obras e as relações dos construtores com os fornecedores e mestres carpinteiros, como, e sobretudo, por per-

Concreto armado **83**

mitirem o planejamento rápido de fôrmas com a resistência necessária. A exposição do assunto obedecerá ao esquema a seguir.

Primeira parte, descrição:

generalidades,
denominações usuais,
materiais.

Segunda parte, utilização:

fôrmas para lajes,
fôrmas para vigas,
fôrmas para pilares,
fôrmas para paredes,
fôrmas para fundações,
fôrmas para escadas.

DESCRIÇÃO

GENERALIDADES — As fôrmas para concreto armado devem satisfazer aos requisitos de ordem geral enumeradas a seguir.

1. Devem ser executadas rigorosamente de acordo com as dimensões indicadas no projeto e ter a resistência necessária para não se deformarem sensivelmente sob a ação dos esforços que vão suportar, isto é, sob a ação conjunta do peso próprio, do peso e da pressão do concreto fresco, do peso das armaduras e das cargas acidentais. Nas peças de grande vão, devem ter a sobreelevação necessária para compensar a deformação inevitável sob a ação das cargas.

2. Devem ser praticamente estanques, condição essa de grande importância para que não haja perda de cimento arrastado pela água. Para esse fim, é preciso que as tábuas sejam bem-alinhadas, para que se justaponham o melhor possível, e [as fendas que aparecerem sejam calafetadas] cuidadosamente com papel. Deve merecer particular cuidado a ligação das tábuas que formam ângulos (arestas de vigas e de pilares, juntas de vigas com lajes, etc.).

3. Devem ser construídas de uma forma que permita a retirada dos seus diversos elementos com relativa facilidade e, principalmente, sem choques. Para esse fim o seu escoramento deve apoiar-se sobre cunhas, caixas de areia ou outros dispositivos apropriados.

4. Devem ser projetadas e executadas de um modo que permita o maior número de utilizações das mesmas peças. Normalmente pode-se admitir que as tábuas sejam utilizadas de 2 a 3 vezes e os pés-direito e pontaletes de 3 a 5 vezes, aplicando-se os máximos indicados nos casos de edifícios com repetição de lajes e vigamentos.

5. Devem ser feitas com madeira aparelhadas ou compensados, nos casos em que o concreto deva constituir superfície aparente definitiva.

Na execução dos trabalhos de concreto armado, deverão ser tomadas as seguintes precauções importantes, para que a estrutura não seja prejudicada tanto na resistência, quanto no aspecto exterior:

84   O EDIFÍCIO ATÉ SUA COBERTURA

a) antes do lançamento do concreto as fôrmas devem ser limpas internamente; para esse fim devem ser deixadas aberturas, denominadas *janelas*, próximas ao fundo, nas formas de pilares, paredes e vigas estreitas e profundas;

b) antes do lançamento do concreto as fôrmas devem ser molhadas até a saturação, para que não absorvam água necessária à pega do cimento;

c) na execução de estruturas localizadas abaixo do nível do solo ou contíguas a um paramento de terra, as fôrmas verticais (paredes colunas, pilares) podem ser dispensadas desde que, pela consistência do terreno, não haja probabilidade de desmoronamentos; em caso contrário, devem ser feitos revestimentos de tijolos ou de concreto magro;

d) quando se deseja evitar a ligação de muros ou pilares a construir, com outros já existentes, a face de contato deverá ser recoberta com papel, graxa, feltro, ou simplesmente com pintura a cal;

e) a retirada das fôrmas deve obedecer sempre a ordem e aos prazos mínimos indicados a seguir, de acordo com o estipulado no artigo 71 da Norma Brasileira NB-1.

FÔRMAS APLICADAS EM	PRAZO DE RETIRADA USANDO-SE	
	Cimento Portland comum	*Cimento de alta resistência inicial*
Paredes, pilares e faces laterais de vigas	3 dias	2 dias
Lajes de até 10 cm de espessura	7 dias	3 dias
Lajes de mais de 10 cm de espessura e faces inferiores de vigas de até 10 m de vão	21 dias	7 dias
Arcos e faces inferiores de vigas de mais de 10 m de vão	28 dias	10 dias

Essa operação deve ser feita sem choques e, quando possível, por carpinteiro ou por operários experimentados, para que as fôrmas possam ser aproveitadas mais vezes.

DENOMINAÇÕES USUAIS — As denominações dadas às diversas peças que compõem as fôrmas e seu escoramento são muito variadas e dependem, em geral, dos mestres carpinteiros.

Painéis — Superfícies planas, de dimensões várias (Figs. 4.8 a 4.11), formadas de tábuas de 2,5 cm (1″) de espessura, ligadas, geralmente, por sarrafos de 2,5 × 10,0 cm (1″ × 4″), de 2,5 × 15,0 cm (1″ × 6″) ou por caibros de 7,5 × 7,5 cm (3″ × 3″) ou 7,5 × 10,0 cm (3″ × 4″) ou ainda por placas de madeira compensada, ligadas como foi descrito anteriormente. Os painéis formam os pisos das lajes e as faces das vigas, pilares, paredes e fundações.

Travessas — Peças de ligação das tábuas dos painéis de vigas, pilares, paredes e fundações (Figs. 4.9 e 4.11) são feitas de sarrafos de caibros de 7,5 × 10,0 m (3″ × 4″). Como medida de economia; são elas em geral, utilizadas como elementos das gravatas, podendo ser pregadas de chato (deitadas) ou de cutelo (aprumadas, de espelho). A distância entre as travessas é geralmente constante no mesmo painel, de modo que a sua fixação pode ser feita com facilidade e rapidez, por meio de mesas previamente bitoladas.

Concreto armado

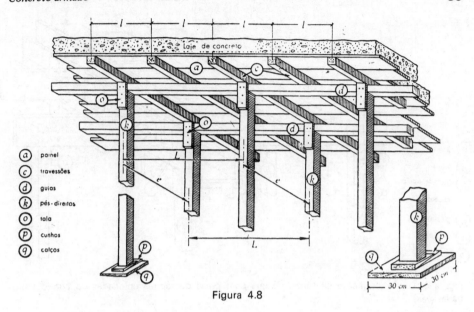

Figura 4.8

Travessões — Peças de suporte empregados somente nos escoramentos dos painéis das lajes (Figs. 4.8 e 4.9); são em geral feitas de caibros de 7,5 × 7,5 cm (3" × 3") ou 7,50 × 10,00 m (3" × 4") e trabalham como vigas contínuas apoiadas nas guias.

Guias — Peças de suporte dos travessões (Fig. 4.8 e 4.9); trabalham como vigas contínuas apoiando-se sobre os pés-direitos. São feitas, em geral de caibros de 7,50 × 10,0 m (3" × 4"). As tábuas de 2,50 × 30,00 m (1" × 12") podem também ser usadas como guias, trabalhando de cutelo, isto é, na direção da maior resistência (Fig. 4.10). Nesse caso, os travessões são suprimidos.

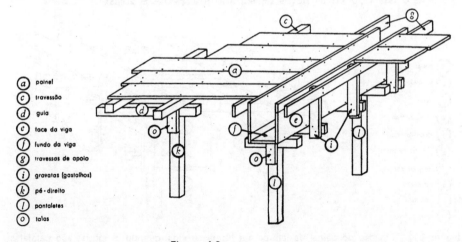

Figura 4.9

O EDIFÍCIO ATÉ SUA COBERTURA

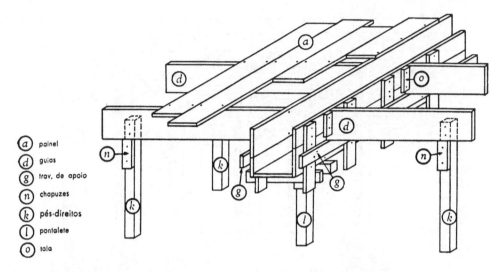

(a) painel
(d) guias
(g) trav. de apoio
(n) chapuzes
(k) pés-direitos
(l) pontalete
(o) tala

Figura 4.10 Escoramento de fôrma de laje com guias de tábuas colocadas de cutelo (sem travessões)

Faces (painéis) das vigas — Painéis que formam os lados das fôrmas das vigas (Figs. 4.9 e 4.11), cujas tábuas são ligadas por travessas verticais de 2,50 × 10,00 m (1" × 4") ou de 2,5 × 15,0 cm (1" × 6") ou por caibros de 7,5 × 10,0 cm (3" × 4"), em geral pregadas de cutelo.

Fundos das vigas — Painéis que constituem a parte inferior das fôrmas das vigas (Figs. 4.9 e 4.11), com travessas de 2,5 × 10,0 cm (1" × 6") geralmente pregadas de cutelo.

Travessas de apoio — Peças fixadas sobre as travessas verticais das faces da viga (Figs. 4.9-4.11), destinadas a servir de apoio para as extremidades dos painéis das lajes e das respectivas peças de suporte (travessões e guias).

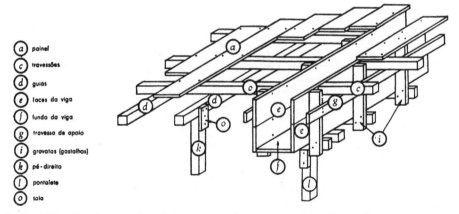

(a) painel
(c) travessões
(d) guias
(e) faces da viga
(f) fundo da viga
(g) travessa de apoio
(i) gravatas (gastalhos)
(k) pé-direito
(l) pontalete
(o) tala

Figura 4.11 Ligação do painel da laje com a fôrma da viga, quando as tábuas são paralelas à viga

Concreto armado 87

Cantoneiras (chanfrados ou meio-fio) — Pequenas peças triangulares pregadas nos ângulos internos das formas (Figs. 4.15b, 4.15d, 4.17 e 4.19), destinadas a evitar as quinas vivas dos pilares, vigas, etc.

Gravatas — Peças que ligam os painéis das formas dos pilares, colunas e vigas (Figs. 4.21-4.25, pp. 106 e 108), destinadas a reforçar essas fôrmas, para que resistam aos esforços que nelas atuam na ocasião do lançamento do concreto.

As gravatas, embora possam ser independentes das travessas dos painéis, são, em geral, por medida de economia, formadas por essas travessas, pregadas numa posição que permite que elas sejam ligadas pelas extremidades.

Montantes — Peças destinadas a reforçar as gravatas dos pilares (Figs. 4.21-4.23) feitas em geral de caibros de 7,5 × 7,5 cm (3″ × 3″) ou 7,5 × 10,0 cm (3″ × 4″) reforçam ao mesmo tempo várias gravatas. Os montantes colocados em faces opostas de pilares, paredes e fundações, são ligados entre si por ferros redondos ou por tirantes.

Pés-direitos — Suportes das fôrmas das lajes (Figs. 4.8 e 4.9), cujas cargas recebem por intermédio das guias. Feitas usualmente de caibros de pinho, de 7,5 × × 10,0 cm (2″ × 4″), ou de peroba, de bitolas comuns, são geralmente de comprimento constante num mesmo pavimento.

Pontaletes — Suportes das fôrmas das vigas (Figs. 4.8, 4.9 e 4.18), as quais sobre eles se apóiam por meio de caibros curtos de seção normalmente idêntica à do pontalete e independentes das travessas da fôrma. Num mesmo pavimento o comprimento dos pontaletes varia, naturalmente, com a altura das vigas. São como os pés-direitos, feitos comumente de caibros de pinho, de 7,5 × 10,0 cm (3″ × 4″), ou de caibros de perobas, de bitolas comuns ou ainda de estacas de eucaliptos quando o pé-direito é excessivo.

Escoras (mãos-francesas) — Peças inclinadas, trabalhando à compressão (Figs. 4.18, 4.26 e 4.27), empregadas freqüentemente para impedir o deslocamento dos painéis laterais das fôrmas de vigas, escadas, blocos de fundações, etc.

Chapuzes — Pequenas peças feitas de sarrafos de 2,5 × 10,0 cm, de cerca de 15 a 20 cm de comprimento (Figs. 4.10 e 4.18), geralmente empregadas como suporte e reforço de pregação das peças de escoramento, ou como apoio dos extremos das escoras.

Talas — Peças idênticas aos chapuzes, destinadas à ligação e à emenda das peças de escoramento (Figs. 4.8, 4.9, 4.10 e 4.18), são em geral, empregadas nas emendas de pés-direitos e pontaletes e na ligação dessas peças com as guias e travessas.

Cunhas — Peças prismativas, geralmente usadas aos pares (Fig. 4.8), com a dupla finalidade de forçar o contato íntimo entre os escoramentos e as fôrmas, para que não haja deslocamento durante o lançamento do concreto, e facilitar, posteriormente, a retirada desses elementos. Devem ser feitas, de preferência, de madeiras duras para que não se deformem ou se inutilizem facilmente.

Calços — Peças de madeira sobre os quais se apóiam os pontaletes e pés-direitos, por intermédio das cunhas (Fig. 4.8); são geralmente feitas de pedaços de tábuas

88 O EDIFÍCIO ATÉ SUA COBERTURA

de aproximadamente 30 cm de lado. Mediante a superposição de calços e variação do encaixe das cunhas, podem ser eliminadas as pequenas diferenças de comprimento dos pés-direitos e pontaletes de um mesmo escoramento, ou podem essas peças ser adaptadas ao escoramento de vigas e lajes de alturas ou espessuras diferentes.

Espaçadores — Pequenas peças feitas de sarrafos ou caibros, empregados nas fôrmas de paredes e fundações e vigas, para manter a distância interna entre os painéis (Figs. 4.26a e 4.26b); à medida que se faz o enchimento das fôrmas, os espaçadores vão sendo retirados e, para facilitar essa operação quando feitos de caibros, devem ser apertados com cunhas.

Janelas — Aberturas localizadas na base das fôrmas dos pilares e paredes ou junto ao fundo das vigas de grande altura, destinadas a facilitar-lhes a limpeza imediatamente antes do lançamento do concreto.

Travamento — Ligação transversal das peças de escoramento que trabalham à flambagem (carga de topo), destinada a subdividir-lhes o comprimento e aumentar-lhes a resistência.

Contraventamento — Ligação destinada a evitar qualquer deslocamento das fôrmas assegurando a indeformabilidade do conjunto. Consiste na ligação das fôrmas entre si, por meio de sarrafos e caibros, formando triângulos. Nas construções comuns o contraventamento, em geral, é feito somente em planos verticais, destinando-se a impedir o desaprumo das fôrmas dos pilares e colunas, sendo desnecessário no plano horizontal, visto que as fôrmas das lajes geralmente já impedem a deformação do conjunto, nesse plano.

MATERIAIS — O material geralmente empregado na execução das fôrmas é, salvo casos especiais, a madeira, para ligação e reforço, são utilizados pregos e barras de ferro redondo, sendo estas empregadas também sob forma de tirantes.

Existem, também, diferentes tipos de fôrmas metálicas de emprego pouco freqüente, assim como pontaletes e pés-direitos em tubos metálicos.

Madeira — A madeira para execução das fôrmas deve ter as seguintes qualidades:

a) elevado módulo de elasticidade e resistência razoável; b) não ser excessivamente dura, de modo a facilitar a serragem, bem como a penetração e a extração dos pregos; c) baixo custo; d) pequeno peso específico.

Entre nós a madeira que mais satisfatoriamente preenche as condições acima é pinho-do-paraná que, por esse motivo, é de emprego praticamente exclusivo na execução das fôrmas, seguindo-se-lhe a peroba, cuja utilização é, em geral, limitada às peças de escoramento, tais como os pés-direitos e pontaletes, nas quais podem ser convenientemente aproveitadas peças de bitolas comumente fornecidas pelas serrarias. As peças de pinho são classificadas, de acordo com os defeitos que apresentam, em três classes, enumeradas a seguir.

Primeira classe — Madeira seca, limpa, desempenada em ambas as faces; sã, de cor natural; corretamente serrada e de bitola exata, tendo as arestas ou quinas em rigorosa esquadria; sem nós; sem furos de larvas (cupim); isenta de manchas pro-

Concreto armado 89

vocadas não só por bolores ou outros fungos, como também por agentes físicos, químicos ou de qualquer outra natureza; isenta de defeitos, tais como, rachaduras, abaulamento, arqueadura, fibras reversas, carunchos, ardiduras, apodrecimento, quina morta, bolsas resinosas, gretas ou ventos e serragem irregular. Serão tolerados:

a) fendas retas em um ou em ambos os topos, não excedendo 15 cm em cada topo;

b) manchas isoladas, levemente azuladas e superficiais provenientes de secagem em tempo úmido;

c) fibras reversas e levíssimo fendilhamento longitudinal em uma das faces, oriunda de fatores atmosféricos;

d) abaulamento que não ultrapasse 1 cm de flecha;

e) arqueadura que não exceda 2 cm de flecha.

Segunda classe — Deverá satisfazer em uma das faces as características do tipo de primeira classe. Serão tolerados:

a) fendas retas em um ou em ambos os topos, não excedendo 15 cm em cada topo;

b) manchas isoladas, levemente azuladas e superficiais, provenientes de secagem em tempo úmido;

c) fibras reversas e levíssimo fendilhamento longitudinal nas duas faces;

d) abaulamento que não ultrapasse 1 cm de flecha;

e) arqueadura que não exceda 4 cm de flecha;

f) esmoado de um lado da peça não excedendo 1/3 da espessura e 1/3 do comprimento;

g) pequenos nós firmes em uma das faces.

Terceira classe — Madeira seca, com nós ou furos de larvas, com manchas de bolores ou de outra natureza, com ardiduras, com esmoado e fendilhamento em maior proporção do que nos tipos anteriores, com gretas ou "ventos" em uma das faces e falhas em ambas as faces, devendo, no entanto, ter cor natural, ser corretamente serrada e de bitola exata e, finalmente, ter as quinas ou arestas em esquadria. Serão toleradas:

a) as peças com fendas retas em um ou em ambos os topos, não excedendo 15 cm em cada topo;

b) as peças com nós firmes em ambas as faces, desde que não agrupados, distanciados entre si de mais de 0,31 m;

c) as peças com esmoado em um dos lados não excedendo 1/3 da espessura;

d) as peças com arqueadura que exceda 4 cm de flecha e com abaulamento que ultrapasse 1 cm de flecha.

Toda madeira que não alcançar essa classificação terá a denominação de *refugo*.

Nas fôrmas de concreto armado só se usa madeira de terceira, excepcionalmente, se o concreto ficará exposto, usa-se a de segunda.

As bitolas comerciais de pinho, mais comuns, são as tábuas de 2,5 × 30,0 cm (1″ × 12″), 2,5 × 25,0 cm (1″ × 10″), e os pranchões de 7,5 × 30,0 cm (3″ × 12″), das quais provêm, por desdobramento, as demais peças usualmente empregadas, operação esta que pode ser feita na própria obra, mediante a instalação de uma serra circular de cerca de 30 cm (12") de diâmetro, acionada por um motor de 10 c.v. As tábuas podem ser reduzidas a qualquer largura, permitindo a execução de qualquer painel, e são também desdobradas em sarrafos, dos quais os mais comuns são os de 2,5 × 10,0 m (1" × 4") e 2,5 × 15,0 cm (1" × 6"), de emprego exclusivo como travessas e gravatas (Fig. 4.12).

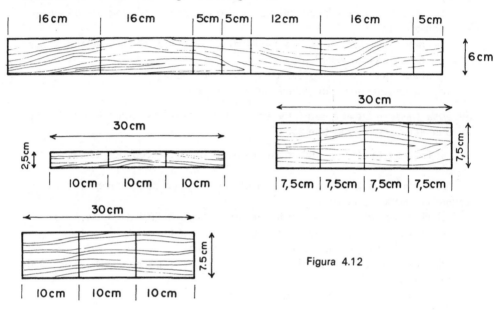

Figura 4.12

As peças de peroba, eventualmente empregadas no escoramento das fôrmas, são os caibros de 5,0 × 6,0 cm e 5,0 × 7,0 cm e as vigas de 6,0 × 12,0 cm e 6,0 × 16,0 cm, fornecidas pelas próprias serrarias, não havendo, em geral, conveniência no desdobramento.

Pregos — Os pregos usados na execução das fôrmas são, em geral, de dimensões variadas. Há, no entanto, grande vantagem na escolha de um único tipo de prego, que permita fazer todas as ligações, não somente para o controle do consumo, como também para a rapidez do serviço. O desperdício de pregos pode aumentar grandemente o custo das fôrmas, mormente na época atual. Esse desperdício é em geral causado por perdas motivadas por má utilização e negligência. As dimensões dos pregos de uso mais comum constam da próxima tabela.

Dentre as bitolas indicadas, recomenda-se seja preferida a de n.º 18 × 27, correspondente a pregos de 3,4 mm de diâmetro, por 61,02 mm de comprimento, que satisfazem em quase todos os casos. Tendo um comprimento maior do que a espessura de duas tábuas superpostas, sua ponta fica saliente nas emendas, como se verifica freqüentemente na ligação das gravatas de travessas simples. Essa ponta não deve ser dobrada, a fim de se facilitar o arrancamento do prego mediante simples pancada de martelo, o que é de grande vantagem, pois não somente simplifica e

Concreto armado

DIMENSÕES E QUANTIDADES DE PREGOS

Número	Dimensões em mm	Quantidade de pregos/quilograma
5 × 5	1,0 × 11,50	10 000
15 × 15	2,4 × 33,90	700
15 × 18	2,4 × 40,68	620
15 × 21	2,4 × 47,46	540
16 × 18	2,7 × 40,68	500
16 × 21	2,7 × 47,46	425
16 × 24	2,7 × 54,24	320
17 × 21	3,0 × 47,46	350
17 × 24	3,0 × 54,24	300
17 × 27	3,0 × 61,02	270
17 × 30	3,0 × 67,80	245
18 × 24	3,4 × 54,24	230
18 × 27	3,4 × 61,02	220
18 × 30	3,4 × 57,80	195
18 × 36	3,4 × 81,14	165
19 × 27	3,9 × 61,02	160
19 × 33	3,9 × 74,58	125
19 × 39	3,9 × 88,14	105
26 × 72	7,6 × 162,72	17
26 × 84	7,6 × 209,84	14

acelera a retirada das fôrmas, como permite melhor aproveitamento do material. Os pregos de 17 × 27 também podem ser recomendados. Sendo de igual comprimento e menor diâmetro, têm a vantagem de diminuir a possibilidade de fendilhamento das gravatas, apresentando, todavia, o inconveniente de se dobrarem mais facilmente, quando utilizados pela segunda ou terceira vez. O uso de pregos de uma determinada bitola nem sempre pode ser feito de modo exclusivo, havendo, às vezes, necessidade de emprego de várias bitolas.

Ferros redondos — É muito freqüente, nas estruturas de concreto armado, a execução de fôrmas em que as gravatas e demais reforços comuns externos não são suficientes para assegurar a indeformabilidade, tais como a de pilares em L, T e Z, cujas paredes, por ação dos esforços internos que se verificam na ocasião do lançamento do concreto. Para assegurar a indeformabilidade nesses casos, torna-se necessário ligar entre si as faces opostas das fôrmas, empregando-se, para esse fim, os ferros redondos, dos quais os mais usados são o de 3/16", o de 1/4", e os arames; estes além de maior preço, apresentam o inconveniente de serem pouco maleáveis, fator esse que reduz muito seu reaproveitamento.

O ferro redondo pode também ser empregado como reforço das fôrmas de pilares, paredes, vigas de grande altura e fundações sob a forma de tirantes, envolvidos em tubos plásticos (espaguete), às vezes com as extremidades rosqueadas, munidas de porcas e arruelas permitindo o aperto rápido por meio de chave de manivela. Esse tipo de reforço apresenta as vantagens de colocação e retirada rápidas, aperto fácil, dispensando as cunhas e escoras, e aproveitamento praticamente indefinido. Sob essa forma podem ser utilizados com vantagem os ferros redondos de 1/4", 3/8" e 1/2" (Figs. 4.21, 4.21d, 4.27 e 4.32).

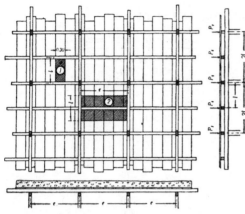

Figura 4.13

① carga sobre as tábuas
② carga sobre os travessões

UTILIZAÇÃO

Conforme vimos na primeira parte, o pinho-do-paraná e a peroba são encontrados na praça, em bitolas comerciais determinadas. Nessas condições, o cálculo dos elementos das fôrmas se reduz à determinação do esforço máximo que pode ser atribuído ás peças utilizáveis em casa, para que se consiga, dentro de limites de deformação razoáveis, um emprego econômico desse material.

LAJES COMUNS — As fôrmas para lajes comuns são formadas por tábuas deitadas e justapostas, que se apóiam nas peças de escoramento. A carga que essas fôrmas devem suportar é constituída pela soma dos pesos do concreto, da sobrecarga e das próprias fôrmas. O peso específico do concreto é geralmente fixado em 2 400 kgf/m^3 e o peso próprio das fôrmas em 20 kgf/m^2. A sobrecarga que deve ser considerada no cálculo dessas fôrmas, resultante do peso dos carrinhos de material e dos operários que circulam sobre elas durante a concretagem, é fixada em 100 kgf/m^2. Com esses dados foram calculadas as cargas por metro quadrado das lajes mais comuns, cujas espessuras variam de 7 a 12 cm, indicadas na Tab. 4.3. Nessas fôrmas o escoramento das tábuas pode ser feito de dois modos:

a) tábuas apoiadas sobre travessões eqüidistantes, suportadas por guias transversais (Fig. 4.8),

b) tábuas apoiadas diretamente sobre as guias (Fig. 4.10).

Os elementos a serem calculados: o vão das tábuas (espaçamento dos travessões, no primeiro caso, ou das guias, no segundo); o vão dos travessões (espaçamento das guias, no primeiro caso); o vão das guias (espaçamento dos pés-direitos); e o comprimento admissível dos pés-direitos entre os nós do travamento. O cálculo desses elementos foi feito: primeiro, tendo-se em vista que a tensão máxima em cada peça não excedesse a admissível; segundo, que a deformação de cada peça, considerada isoladamente, não excedesse o limite conveniente; terceiro, que no caso de um conjunto de peças, a deformação máxima resultante da superposição das deformações parciais das peças, também não ultrapassasse o limite pré-fixado.

Concreto armado 93

Tabela 4.2 Características do pinho e da peroba

N.º	Madeira	Ruptura kgf/cm^2		Módulo de elasticidade $E\,kg_J/cm^2$		Peso específico
		Flexão	Compressão	Flexão	Compressão	
43		990	440	146 000	90 000	0,87
44		962	429	109 000	91 100	0,82
45	Peroba-	878	461	118 700	90 500	0,80
46	-Rosa	912	439	112 900	100 000	0,79
47		883	430	105 000	91 600	0,77
48		767	343	126 500	92 700	0,66
	Média	898	423	119 683	94 150	0,78
134		530	240	142 000	100 400	0,52
135	Pinho-do-	599	268	131 300	103 700	0,54
136	-Paraná	582	244	137 700	107 600	0,54
137		620	275	142 500	109 200	0,56
	Média	582	256	138 700	105 225	0,54

Nota. Nos cálculos das peças (2.ª Parte) adotou-se $E = 100\,000\,kgf/cm^2$

Tabela 4.3 Lajes — Carga (g/m^2)

Espessura	7 cm	8 cm	9 cm	10 cm	11 cm	12 cm
Concreto	168	192	216	240	264	288
Sobrecarga	100	100	100	100	100	100
Fôrmas	20	20	20	20	20	20
Total, kg/m^2	288	312	366	360	384	408

Tabela 4.4 Valores de J, W e M para as seções usuais

Peças	Dimensões	J $bh^3/12$		W $bh^2/6$		$M = \sigma W$				kgf/cm	
		max.	min.	max.	min.	max.	min.	max.	min.	max.	min.
Pinho	cm	cm^4		cm^3		$\sigma = 60$	kgf/cm^2	$\sigma = 70$	kgf/cm^2	$\sigma = 80$	kgf/cm^2
Sarrafos	2,5 × 10,0	208,3	13,0	41,7	10,4	2 500	625	2 920	730	3 330	830
Sarrafos	2,5 × 15,0	703,1	19,5	93,7	15,6	5 625	936	6 560	1 090	7 500	1 250
Tábuas	2,5 × 30,0	5 625,0	39,0	375,0	31,2	22 500	1 870	26 250	2 190	30 000	2 500
Caibros	7,5 × 7,5	263,7	263,7	70,3	70,3	4 220	4 220	4 920	4 920	5 625	5 625
Caibros	7,5 × 10,0	625,0	351,6	125,0	93,7	7 500	5 620	8 750	6 560	10 000	7 500
Peroba						$\sigma = 100\,kgf/cm^2$		$\sigma = 110\,kgf/cm^2$		$\sigma = 120\,kgf/cm^2$	
Caibros	5,0 × 6,0	90,0	62,5	30,0	25,0	3 000	2 500	3 300	2 750	3 600	3 000
Caibros	5,0 × 7,0	142,9	72,9	40,8	29,2	4 080	2 920	4 490	3 210	4 900	3 505
Vigas	6,0 × 12,0	864,0	216,0	144,0	72,0	14 400	7 200	l5 840	7 920	17 280	8 640
Vigas	6,0 × 16,0	2 018,0	288,0	256,0	96,0	23 600	9 600	28 160	10 560	30 720	11 520

94 O EDIFÍCIO ATÉ SUA COBERTURA

Tabela 4.5 Lajes — Fôrmas com tábuas apoiadas sobre travessões de 7,5 × 7,5 cm e guias de 7,5 × 10,0 cm. Combinações de vãos, cargas e reações

Vão das guias $L = 2l$ m	Vão das tábuas l m	Vão dos travessões (espaçamentos das guias) e em m, para lajes de						Carga P kg	Reações máximas dos pés-direitos* A_2 kg
		7 cm	8 cm	9 cm	10 cm	11 cm	12 cm		
1,20	0,60	1,54	—	—	—	—	—	266	766
		—	1,54	—	—	—	—	288	828
		—	—	1,49	—	—	—	300	958
		—	—	—	1,44	—	—	312	998
		—	—	—	—	1,39	1,31	321	1 031
1,30	0,65	1,48	—	—	—	—	—	279	803
			1,46	1,35	1,26	1,19	1,12	296	852
1,40	0,70	1,36	1,26	1,17	1,00	1,02	0,96	274	788
1,50	0,75	1,18	1,09	1,01	0,95	0,88	0,84	255	733
1,60	0,80	1,04	0,96	0,89	0,83	0,78	0,73	240	691

*Para várias lajes idênticas superpostas concretadas no mesmo mês, multiplicar A_2 pelo valor correspondente de K do quadro da p. 97

Tabela 4.6 Pés-direitos e pontaletes — Cargas admissíveis à flambagem, em quilograma n = coeficiente de segurança

Altura m	Pinho 7,5 × 10,0		Pinho 7,5 × 7,5		Peroba 6,0 × 16,0		Peroba 6,0 × 12,0		Peroba 5,0 × 7,0	
	$n = 6$	$n = 4,5$	$n = 6$	$n = 4,5$	$n = 6$	$n = 4,5$	$n = 6$	$n = 4,5$	$n = 6$	$n = 4,5$
1,00	2 330	3 110	1 750	2 330	3 000	4 000	2 250	3 000	865	1 555
1,20	2 155	2 870	1 630	2 170	2 620	3 500	1 980	2 640	740	990
1,40	1 975	2 635	1 510	2 010	2 250	3 000	1 710	2 280	615	820
1,60	1 795	2 390	1 470	1 960	1 850	2 465	1 440	1 915	485	645
1,80	1 615	2 155	1 270	1 695	1 485	1 980	1 165	1 555	390	515
2,00	1 440	1 920	1 150	1 535	1 200	1 600	900	1 200	305	405
2,10	1 330	1 780	990	1 320	1 100	1 470	815	1 090	275	365
2,20	1 220	1 620	900	1 200	1 010	1 395	750	1 000	250	335
2,30	1 120	1 490	850	1 135	925	1 235	690	920	225	300
2,40	1 035	1 380	775	1 035	850	1 135	640	855	200	265
2,50	960	1 280	725	965	785	1 045	600	800	185	245
2,60	885	1 180	675	900	725	965	560	745	170	230
2,70	815	1 090	615	820	720	960	515	690	160	210
2,80	760	1 010	560	745	630	840	475	635	150	200
2,90	700	935	515	690	580	775	435	580	140	190
3,00	650	865	485	645	535	710	390	520	135	180
3,20	565	755	415	555	465	620	360	480	115	155
3,40	510	680	350	465	400	535	315	420	105	140
3,60	440	590	315	420	360	480	285	380	90	120
3,80	400	535	290	390	325	435	250	330	85	110
4,00	365	490	275	370	300	400	225	300	75	100

Concreto armado

95

Tabela 4.7   Lajes — Fôrmas com tábuas apoiadas sobre guias de 2,5 × 30,0 cm

Vãos			Espaçamentos *l das guias e reações para lajes de*					
das lajes 2L m	das guias L m		7 cm	8 cm	9 cm	10 cm	11 cm	12 cm
3,50	1,75	l m	1,13	1,15	1,12	1,10	1,07	1,05
		A_1 kg	712	784	823	866	907	937
4,00	2,00	l m	1,06	1,08	1,10	1,10	1,07	1,05
		A_1 kg	840	927	1 017	1 089	1 141	1 178
4,50	2,25	l m	0,95	0,98	1, 0	1,01	0,98	0,92
		P_1 kg	678.	757	832	900	932	929
5,00	2,50	l m	0,80	0,83	0,85	0,84	0,79	0,74
		P_1 kg	634	713	786	832	835	831
5,50	2,75	l m	0,62	0,65	0,67	0,69	0,65	0,61
		P_1 kg	541	614	681	752	755	753
6,00	3,00	l m	0,46	0,48	0,50	0,51	0,53	0,51
		P_1 kg	438	495	555	606	672	687

Para várias lajes idênticas concretadas no mesmo mês, multiplicar A_1 ou P_1 pelo valor correspondente de K, p. 97

Organizou-se a Tab. 4.5 para o primeiro modo, considerando-se a tensão de cada peça igual ou inferior à máxima admissível, a flecha máxima de cada peça igual ou inferior a 1/500 do respectivo vão: máxima flecha do conjunto igual ou inferior a 4% da espessura da laje. Para o segundo modo, isto é, tábuas apoiadas diretamente sobre as guias, organizou-se a Tab. 4.7 considerando-se as tensões, nas peças, iguais ou inferiores à admissível as deformações isoladas das peças iguais ou inferiores a 1/500 dos respectivos vãos: deformações máximas do conjunto de peças, iguais ou inferiores a 4% das espessuras das lajes.

Pés-direitos — As Tabs. 4.5 e 4.7 indicam as resultantes para as diversas combinações de vãos, e a Tab. 4.6, as cargas admissíveis à flambagem (carga de topo) para os caibros de bitolas usuais, de pinho e peroba, cuja altura varia de 1,00 a 4,00 m, calculadas admitindo-se os coeficientes de segurança 6 e 4,5. Tratando-se de construções provisórias e considerando-se que, logo após a pega do concreto, as lajes entram a sustentar uma parte do seu próprio peso, pode-se adotar o coeficiente de segurança mais baixo, desde que se trate de pés-direitos em bom estado de integridade. Essa tabela permite utilizar caibros de qualquer das bitolas comuns nela consideradas, mediante adequada aplicação do travamento. O exame atento das Tabs. 4.5-4.7 mostra que, com as bitolas de caibros consideradas na última delas, o travamento dos pés-direitos das fôrmas é quase sempre necessário nos casos correntes de lajes. A Norma Brasileira NB-1 manda que se use o travamento sempre que necessário, não admitindo, em pés-direitos longos, comprimentos de flambagem maiores do que 5,00 m (art. 54), qualquer que seja a sua bitola. Como é evidente, o travamento deve ser feito em duas direções no plano horizontal. Nos casos em que não

96 O EDIFÍCIO ATÉ SUA COBERTURA

se possa, ou não se deseje, fazer o travamento, este poderá ser evitado mediante o emprego de peças duplas ou de bitolas especiais. O emprego de paus roliços de eucaliptos, de 8 a 10 cm de diâmetro é, nesses casos, um recurso de grande vantagem não somente no preço do material, como na mão-de-obra. Os pés-direitos e pontaletes devem apoiar-se sobre o solo ou sobre as lajes, por intermédio de calços de madeira, não somente para permitir o emprego de cunhas, mas também de outros dispositivos destinados a facilitar-lhes a retirada. O escoramento de peças muito carregadas, quando apoiado no solo, o que ocorre freqüentemente nas lajes e pavimentos térreos sem porão, deve merecer cuidado especial; o apoio, nesse caso, deve ser feito por intermédio de vigas de madeira ou blocos de concreto, que reduzam a pressão sobre o solo, a um limite compatível com a sua resistência, evitando-se assim o deslocamento vertical do escoramento.

Para o mesmo fim, podem ser utilizados pedaços de caibros de 60 a 80 cm, em geral abundantes nas obras de concreto armado, dispostos em forma de grades, as quais proporcionam convenientes distribuição das cargas. De acordo com a NB-1 artigo 55, cada pontalete, ou pé-direito, só pode ter uma emenda fora do terço médio do seu comprimento, com talas pregadas nas quatro faces, devendo os topos das peças, na emenda, ser planos e normais ao eixo comum. O número de peças emendadas não deve ser maior do que a quarta parte do total. Os pés-direitos, nos andares sucessivos, devem ser colocados em verticais, em conseqüência da rapidez da construção da estrutura, que pode atingir cinco andares por mês, não se transmita a pontos não-escorados da laje imediatamente inferior, de resistência ainda insuficiente. Quando, em conseqüência de diferença de espaçamentos, não possam ser colocados em verticais correspondentes, os pés-direitos devem apoiar-se por meio de caibro de pinho ou de peroba, suficientemente resistentes, de modo que as cargas que suportam se transmitam aos pés-direitos inferiores aliviando os pontos não escorados das lajes de apoio. Quando se executa o enchimento de uma laje apoiada sobre outra anteriormente executada, a qual, por sua vez, se apóia sobre outra laje executada ainda mais anteriormente, cada escoramento suporta a carga da laje respectiva (75% da considerada no ato do seu lançamento), mais a carga transmitida à laje pelo escoramento que sobre ela se apóia, deduzida da parte dessa carga que a laje, devido à sua idade, já seja capaz de absorver. Conforme, pois, a velocidade de concretagem dos pavimentos sucessivos, as cargas que atuam sobre os pés-direitos do escoramento de uma laje, quando outras já lhe estão sendo construídas por cima, podem ser sensivelmente superiores às que vigoraram por ocasião do lançamento da laje considerada.

Então, se as lajes são diferentes, torna-se necessário estabelecer o programa de datas de execução das diversas lajes, calcular as cargas sobre os pés-direitos dos escoramentos de séries sucessivas de três a seis lajes (conforme a velocidade da concretagem), no momento do lançamento da última, da penúltima, da antepenúltima laje superior, etc., e dimensionar os pés-direitos de cada escoramento, ou os seus comprimentos de flambagem, para as cargas máximas a que venham a ficar sujeitos. Essa operação, que em geral é trabalhosa, simplifica-se muito quando as lajes sucessivas são idênticas. Nessa hipótese, o efeito da superposição das lajes ficará atendido, calculando-se os pés-direitos de todos os escoramentos idênticos,

Concreto armado

exceto o da laje mais elevada, para a *KAi* onde *Ai* terá os valores constantes das Tabs. 4.5 e 4.7, e *K* os seguintes valores:

Velocidade de concretagem em lajes por mês	K
2 lajes	1
3 lajes	1,15
4 lajes	1,25
5 lajes	1,35

Com essas velocidades, as fôrmas das lajes não devem ser retiradas antes de 28 ou 10 dias, conforme se trate, respectivamente, de cimento Portland comum ou de alta resistência inicial.

LAJES ESPECIAIS — Na construção dos edifícios comuns é muito freqüente o emprego de lajes mistas, feitas de concreto e tijolos furados comuns ou especiais. Com os primeiros, cujas dimensões são 25,0 × 25,0 × 12,0 cm, são feitos dois tipos de lajes. Num deles os tijolos são dispostos, sobre o piso da fôrma, em fileiras separadas por espaçamentos de 4,0 a 6,0 cm que recebem armadura e são cheios de concreto, formando pequenas vigas retangulares de 4,0 a 6,0 cm de largura, por 12,0 cm de altura, espaçadas de 29,0 a 31,0 cm; os tijolos montam-se por aderência ao concreto (Fig. 4.14a).

No outro, os tijolos, dispostos da mesma forma em fileiras simples ou duplas (Figs. 4.14b e 4.14c) são cobertos com uma camada de concreto de cerca de 3 cm

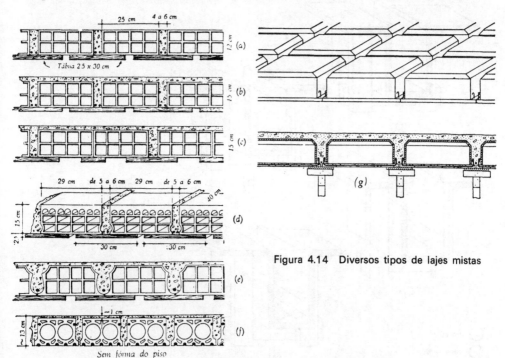

Figura 4.14 Diversos tipos de lajes mistas

e, às vezes, serão em T, com 15,0 cm de altura. Há outros tipos de lajes mistas que usam tijolos de formato especial (Figs. 4.14d, 4.14e, 4.14f). Todos os tipos referidos, com exceção da laje Prel, Ibelage, exigem fôrmas com piso de tábuas e escoramento. Posto que, como evidencia a Fig. 4.14, os pisos não precisam ser contínuos, é mais fácil e econômico, fazê-los assim nos casos das lajes das Figs. 4.14a-4.14c e 4.14e. Com piso contínuo as fôrmas para as lajes mistas serão calculadas da mesma maneira que para as lajes de concreto armado comuns, considerando-se como carga por metro quadrado o peso próprio da laje escolhida acrescido dos 120 kg/m² relativos ao peso da fôrma e da sobrecarga. A laje tipo Prel — formada por vigas de tijolos previamente construídas e justapostas, lado a lado, tendo resistência suficiente para suportar o próprio peso, bem como o do concreto que a deverá ligar e cobrir, mais as sobrecargas — dispensa fôrma de escoramento.

FÔRMAS PARA VIGAS — As fôrmas das lajes são ligadas diretamente às fôrmas das vigas; essa ligação pode ser feita de vários modos, e o mais simples (Fig. 4.15a) é pregar-se simplesmente as bordas das tábuas das lajes sobre a borda superior das faces da viga. Esse tipo de ligação é o mais freqüentemente usado, embora apresente os inconvenientes de dificultar a retirada das tábuas e causar fendas no concreto, quando as tábuas da laje empenam, ou incham, por deficiência de umedecimento prévio. O tipo representado na Fig. 4.15c, também muito usado, facilita a execução e o nivelamento das fôrmas das vigas, bem como a retirada das tábuas da laje. O tipo repre-

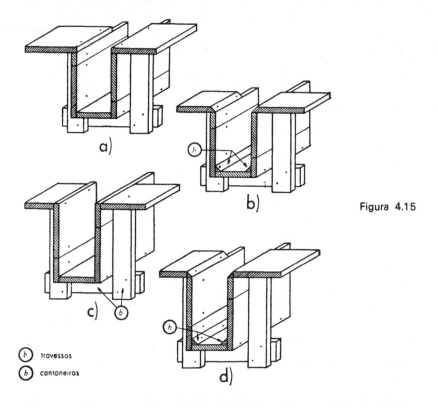

Figura 4.15

Concreto armado

sentado na Fig. 4.15d elimina os inconvenientes apresentados pelo tipo da Fig. 4.15a, porém, com aumento de mão-de-obra. As fôrmas das vigas são formadas pelos dois painéis das faces da viga e pelo painel do fundo, ligados por meio de gravatas formadas somente por três travessas, duas verticais e uma horizontal. Nas vigas com mísulas, a altura aumenta nas proximidades dos apoios e o fundo é inclinado; a face da viga pode acompanhar exatamente a inclinação do fundo, ou não (Figs. 4.16a e 4.16b), permitindo a primeira modalidade que o fundo se apóie diretamente sobre as travessas horizontais. Nas vigas de perímetro, as extremidades superiores de todas as travessas verticais externas precisam ser escoradas, sendo indicados na Fig. 4.18 os tipos de escoramento mais usados. Para facilitar a retirada das faces das vigas são usados vários artifícios, entre os quais o indicado nas Figs. 4.17a e 4.17b, que consiste na ligação da face da viga com o pilar por meio de emendas com pequenas tábuas verticais ou horizontais de larguras adequadas, que podem ser facilmente arrancadas na ocasião da retirada das fôrmas. Além dessa vantagem, esse processo

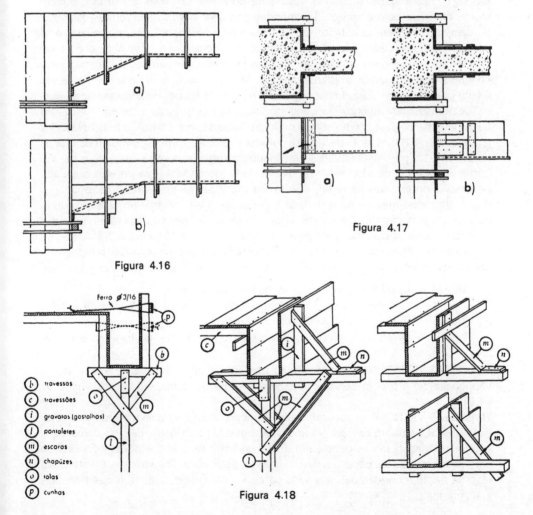

Figura 4.16

Figura 4.17

Figura 4.18

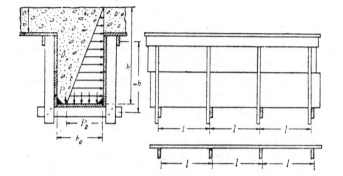

Figura 4.19

permite o aproveitamento das fôrmas em vários andares, pois o aumento de vão das vigas, dos andares superiores, resultante do adelgaçamento dos pilares, é facilmente corrigido pelo emprego de emendas de maior largura. Nas fôrmas das vigas os elementos a serem calculados são os seguintes: o fundo, as faces, as gravatas e os pontaletes. O processo de adensamento do concreto é um fator a se considerar no cálculo, pois diferem bastante as pressões exercidas nas paredes das fôrmas, pelo concreto fresco, quando o adensamento é feito por socamento manual e quando é feito por vibração. O fundo das vigas é formado por tábuas de larguras várias, que, na ocasião do lançamento do concreto, suportam a pressão máxima. As tábuas trabalham, nesse caso, como vigas contínuas apoiadas nas travessas horizontais das gravatas (Fig. 4.19). As faces da viga, da mesma maneira é formada também de tábuas de 2,5 cm (1") por larguras várias, trabalham igualmente como vigas contínuas, suportando, porém, pressão menor do que as do fundo da viga. Essa pressão calculada pela teoria do empuxo de terras, distribui-se triangularmente sobre as faces da viga (Fig. 4.19), sendo nula no nível da face superior da laje e máxima no nível do fundo da viga. As gravatas das fôrmas das vigas são formadas por três travessas: uma horizontal e duas verticais, feitas, em geral, de sarrafos de 2,5 × 10,0 cm, ou 2,5 × 15,0 cm, ou ainda de caibros de 7,5 × 10,0 cm. Para facilitar a organização das tabelas indicadas, para a escolha e espaçamento de travessas, classificadas nos tipos seguintes:

Tipo A — sarrafo simples de 2,5 × 10,0 cm, de cutelo;
Tipo B — dois sarrafos de 2,5 × 10,0 cm ou um de 2,5 × 15,0 cm de cutelo;
Tipo C — caibros de 7,5 × 10,0 cm de cutelo;
Tipo D — tipo B com reforço de fios de ferro, ou tirante, no meio da travessa.

TRAVESSAS HORIZONTAIS — são calculadas como vigas livremente apoiadas, de vão igual a $b_0 + 0,15$ m, sendo b_0 a largura interna da fôrma, em metros (Fig. 4.19).

TRAVESSAS VERTICAIS — são calculadas também como vigas livremente apoiadas, de vão igual à altura h da viga. No tipo D, as travessas trabalham, de fato, como vigas contínuas; mas, como os pontos em que se aplicam os esforços podem deslocar-se em virtude da elasticidade ou de um aperto defeituoso dos ferros e tirantes, são elas, na flexão, consideradas, nos vãos parciais, como vigas simples, o que beneficia a segurança.

Concreto armado   **101**

Gravatas — As combinações de tipos de travessas e espaçamento estabelecidos tendo em vista isoladamente as travessas horizontais e verticais, hão de ser, duas a duas, concordadas e reduzidas ao mesmo espaçamento, a fim de que as travessas possam ser ligadas para formar as gravatas. Chega-se em cada caso, por tentativas, a várias soluções possíveis, mas em geral, uma ou duas dentre elas se apresentam nitidamente mais práticas do que as demais. Para as combinações de altura e largura de vigas de uso corrente, na prática, a Tab. 4.9 já dá as combinações mais adequadas dos tipos de gravatas e respectivos espaçamentos, o que dispensa, pois, todo aquele trabalho de tentativas e permite o planejamento rápido das fôrmas das vigas. As mísulas podem ser tratadas como vigas de altura $H + 0,5(H-h)$, sendo H a altura da mísula no engastamento no pilar. Na organização da Tab. 4.8, a tensão nas travessas foi limitada a 60 kg/cm^2. O reforço de ferro ou tirante da travessa vertical tipo D suportará, na pior hipótese ($h = 120$ cm e $b_0 = 10,0$ cm), o esforço de tração de 319 kgf (5/8 de A_2). O reforço constituído por dois fios de ferro 3/16″ pode suportar esse esforço trabalhando a 319 kgf ($2,0 \times 0,18$ cm^2) = 887 kgf/cm^2, e o tirante de 1/4″ pode também suportá-lo trabalhando a 319 kgf/0,32 cm^2 = 997 kgf/cm^2.

Uma vez justapostos o fundo e as faces das vigas, as extremidades das travessas horizontais e verticais correspondentes, são pregadas, formando as gravatas. As forças que atuam nessas juntas são a carga $A/2$, da travessa horizontal e a carga $2/3\ A_2$, da travessa vertical, cuja resultante R deve ser anulada pelos pregos da ligação. Nos ensaios realizados no Instituto de Pesquisas Tecnológicas de São Paulo, procurou-se reproduzir experimentalmente a solicitação a que estão sujeitas comumente as travessas das gravatas, cujas extremidades são pregadas, variando o número de pregos conforme o esforço a suportar. Desses ensaios conclui-se que cada prego 18 × 27 pode resistir, com um fator de segurança aproximado de 3, ao esforço de 50 kgf. A Tab. 4.9 indica o número de pregos de 18 × 27 em cada caso $n = R/50$, com R calculado pela fórmula

$$R = 513,5\ hl\ \sqrt{h^2 + 6,61\,b_0^2}\ \text{kgf}$$

ou

$$R = 273\ hl\ \sqrt{h^2 + 23,3\,b_0^2}\ \text{kgf}$$

conforme o caso, e com os valores respectivos de l = o espaçamento das travessas verticais, h = altura da viga, b_0 = a largura interna da fôrma em metros, constantes da mesma tabela. Usando-se pregos 17 × 27 mais finos, o limite de resistência acima indicado deve ser reduzido 20%, ou seja a 40 kgf, pelo que o número de pregos fornecido pela Tab. 4.9 deverá ser aumentado 25%.

Pontaletes — As fôrmas das vigas são suportadas por pontaletes, que devem ser calculados para resistir ao peso do concreto com a ferragem, mais o peso próprio das fôrmas. Os pesos das vigas, por metro linear, constam da Tab. 4.10, e foram calculados com um acréscimo de peso de 50,0 cm de laje de 10,0 cm de espessura, inclusive a fôrma, que se admite atuando em cada lado das vigas, conforme é indicado na Fig. 4.20.

Esse acréscimo foi admitido considerando-se, simplificadamente, o peso da laje compreendido entre a face da viga e o pé-direito mais próximo, localizado a 1,00 m desta, atuando em partes iguais sobre a viga e o pé-direito. Nessas condições, se as

Tabela 4.8   Vigas — Fôrmas para concreto socado

Tipo e espaçamento máximo l, em cm, das gravatas e número n de pregos de $18 \times 27^*$ necessários em cada ligação

Tipos das gravatas. A primeira letra indica o tipo da travessa horizontal (fundo da viga); a segunda, o das travessas verticais (faces da viga)

Travessa tipo A — sarrafo simples de $2,5 \times 10,0$ cm, de cutelo
Travessa tipo B — dois sarrafos de $2,5 \times 10,0$ cm, de cutelo, ou um de $2,5 \times 15,0$ cm, de cutelo
Travessa tipo C — caibro de $7,5 \times 10,0$ cm, de cutelo
Travessa tipo D — tipo B, com um reforço de dois fios de $3/16''$, ou um tirante de $1/4''$, no meio da travessa

b_0 cm		$h\,cm$										
		40	45	50	55	60	70	80	90	100	110	120
10	Tipo	A-A	A-A	A-A	A-A	A-A	A-A	A-B	A-B	A-C	A-C	A-D
	l	80	76	72	69	66	61	57	54	51	48	46
	n	2	2	2	3	3	4	4	6	6	6	6
15	Tipo	A-A	A-A	A-A	A-A	A-A	A-A	A-B	A-B	A-C	A-C	A-D
	l	80	76	72	69	66	61	57	54	51	48	46
	n	2	2	3	3	3	4	4	6	6	7	6
20	Tipo	A-A	A-A	A-A	A-A	A-A	A-A	A-B	A-B	A-C	A-C	A-D
	l	80	76	72	69	66	61	57	54	51	48	46
	n	2	2	3	3	3	4	4	6	6	7	6
25	Tipo	A-A	A-A	A-A	A-A	A-A	A-A	A-B	A-B	A-C	A-C	A-D
	l	80	76	72	69	66	61	57	54	51	48	46
	n	3	3	3	4	4	4	6	6	7	7	6
30	Tipo	A-A	A-A	A-A	A-A	A-A	A-A	A-B	A-B	A-B	A-B	A-C
	l	80	76	72	69	66	60	52	47	42	38	35
	n	3	3	4	4	4	5	6	6	6	6	7

Concreto armado

35

Tipo	A-A	A-A	A-A	A-A	A-A	A-A	A-A	A-B	B-C	B-C	B-D
l	80	74	66	60	55	47	41	37	51	48	45
n	4	4	4	4	4	4	4	6	8	8	8

40

Tipo	A-A	B-A	A-A	B-A	A-A	B-A	A-A	B-A	A-A	B-A	A-A	B-A	B-B	B-B	B-C	B-C	B-D
l	67	80	60	76	54	72	49	69	45	66	38	61	57	54	51	48	45
n	3	4	3	4	4	6	4	6	4	6	4	6	8	8	8	8	8

45

Tipo	A-A	B-A	A-A	B-A	A-A	B-A	A-A	B-A	A-A	B-A	B-A	B-A	C-B	B-B	C-B	B-B	C-D	B-C	C-D	B-C	C-D
l	56	80	50	76	45	72	41	69	37	66	61	56	57	50	54	45	51	40	48	37	46
n	3	4	3	6	3	6	3	6	3	6	6	8	8	8	8	8	8	10	8	10	8

50

Tipo	A-A	B-A	B-A	C-A	B-A	C-A	B-A	C-A	B-A	C-A	B-A	C-A	B-A	C-B	B-B	C-D	B-B	C-D	C-D	C-D
l	47	80	72	76	64	72	63	69	63	66	54	61	47	57	42	54	37	51	48	46
n	3	6	6	6	6	6	6	6	6	6	6	7	6	8	6	8	8	8	8	10

55

Tipo	B-A	B-A	C-A	B-A	C-A	B-A	C-A	B-A	C-A	B-A	C-A	B-A	C-B	B-B	C-B	C-B	C-D	C-D
l	80	72	76	64	72	58	69	54	66	46	61	40	57	36	54	48	44	40
n	6	6	6	6	6	6	6	6	7	6	7	6	8	6	10	10	8	8

60

Tipo	B-A	C-A	B-A	C-A	B-A	C-A	B-A	C-A	B-A	C-A	B-A	C-A	B-A	C-B	C-B	C-B	C-B	C-D
l	70	80	62	76	56	72	51	69	46	66	40	61	35	52	47	42	38	35
n	6	6	6	6	6	6	6	7	6	7	6	8	6	8	8	8	8	8

*Os valores de n devem ser substituídos por $1,25n$ quando se usam pregos de 17×27

Tabela 4.9   Vigas — Fôrmas para concreto vibrado

Tipo e espaçamento máximo l, em cm, das gravatas e número n de pregos de $18 \times 27^*$ necessários em cada ligação

Tipos de gravatas. A primeira letra indica o tipo da travessa horizontal (fundo da viga); a segunda, o das travessas verticais (faces da viga)

Travessa tipo A — sarrafo simples de $2,5 \times 10,0$ cm, de cutelo
Travessa tipo B — dois sarrafos de $2,5 \times 10,0$ cm, de cutelo, ou um de $2,5 \times 15,0$ cm, de cutelo
Travessa tipo C — caibro de $7,5 \times 10,0$ cm, de cutelo
Travessa tipo D — tipo B, com um reforço de quatro fios de ferro de $3/16''$, ou um tirante de $3/8''$, no meio da travessa

b_0						h cm						
cm		40	45	50	55	60	70	80	90	100	110	120
10	Tipo	A-A	A-A	A-A	A-A	A-A	A-B	A-B	A-C	A-D	A-D	A-D
	l	80	76	72	69	66	61	57	54	51	48	46
	n	3	3	4	4	5	6	8	8	6	8	8
15	Tipo	A-A	A-A	A-A	A-A	A-A	A-B	A-B	A-C	A-D	A-D	A-D
	l	80	76	72	69	66	61	57	54	51	48	46
	n	3	3	4	4	5	6	8	8	6	8	8
20	Tipo	A-A	A-A	A-A	A-A	A-A	A-B	A-B	A-C	A-D	A-D	A-D
	l	80	76	72	69	66	61	57	54	51	48	46
	n	3	4	4	5	5	6	8	8	8	8	8
25	Tipo	A-A	A-A	A-A	A-A	A-A	A-B	A-B	A-C	A-D	A-D	A-D
	l	80	76	72	69	66	61	57	54	51	48	46
	n	3	4	4	5	5	6	8	9	8	8	8
30	Tipo	A-A	A-A	A-A	A-A	A-A	A-B	A-B	A-C	A-C	A-D	A-D
	l	80	76	72	69	66	60	52	47	42	38	35
	n	4	4	5	5	6	6	8	8	8	8	8

Concreto armado

35	Tipo	A-A	A-A	A-A	A-A	A-A	A-B	A-B	A-B	B-D	B-D	B-D
	l	80	74	66	60	55	47	41	37	51	48	45
	n	4	4	5	5	5	6	6	8	8	8	10

40	Tipo	A-A B-A	A-A B-A	A-A B-A	A-A B-A	A-A B-A	A-A B-A	A-A B-B	B-B	B-C	B-D	B-D	B-D
	l	67	80	60	54	72	49	45	38	57	54	51	48	45
	n	4	4	3	4	6	4	6	5	8	10	8	10	10

45	Tipo	A-A B-A	A-A B-A	A-A B-A	A-A B-A	A-A B-A	B-B C-B	B-C	B-B C-D	B-C C-D	B-D C-D	B-D C-D
	l	56	50	42	38	41	57	50	45	54	48	37 46
	n	3	4	3	3	4	10	10	10	8	10	8 10

50	Tipo	B-A C-A	B-A C-A	B-A C-A	B-A	B-A C-A	B-A C-A	B-B C-B	B-C C-D	B-C C-D	C-C C-D	C-D
	l	47	72	42	38	68	69	63	54	42	37	46
	n	3	6	3	8	6	7	8	8	8	8	12

55	Tipo	B-A	B-A C-A	B-A C-A	B-A C-A	B-A C-A	B-B C-D	C-D	C-D	C-D	C-D	C-D
	l	80	72	64	58	54	36	40	48	44	40
	n	6	6	6	6	6	8	8	10	10	10

60	Tipo	B-A C-A	B-A C-A	B-A C-A	B-A C-A	B-A C-A	B-A C-B	C-D	C-D	C-D	C-D
	l	70	62	56	72	51	46	40	35	47	42	38	35
	n	6	6	6	7	6	6	6	8	8	10	10	10

*Os valores de n devem ser substituídos por $1{,}25n$ quando se usam pregos de 17×27

Tabela 4.10   Vigas — Peso em quilograma por metro linear (inclusive peso da fôrma)

b_0 cm	\multicolumn{9}{c	}{h cm}
	40	50	60	70	80	90	100	110	120
10	370	398	426	454	482	510	538	566	594
15	410	459	499	539	579	619	659	699	739
20	468	520	572	624	676	728	780	832	884
25	517	581	645	709	773	837	901	965	1 029
30	566	642	718	794	870	946	1 022	1 098	1 174
35	615	703	791	879	967	1 055	1 143	1 231	1 319
40	664	761	864	964	1 064	1 164	1 264	1 364	1 464
45	713	825	937	1 049	1 161	1 273	1 385	1 497	1 609
50	762	886	1 010	1 134	1 258	1 382	1 506	1 630	1 754
55	811	947	1 083	1 219	1 355	1 491	1 627	1 763	1 899
60	860	1 008	1 156	1 304	1 452	1 600	1 748	1 896	2 044

Nota. A tabela vale para o caso de os pés-direitos das lajes estarem a 1,00 m de distância das faces da viga. Para condições diferentes, especialmente para vigas de perímetro, os seus valores deverão ser corrigidos de conformidade com o exposto na p. 101.

Para o caso de vários andares concretados no mesmo mês, leve-se em conta, no cálculo dos pontaletes, a observação da p. 101.

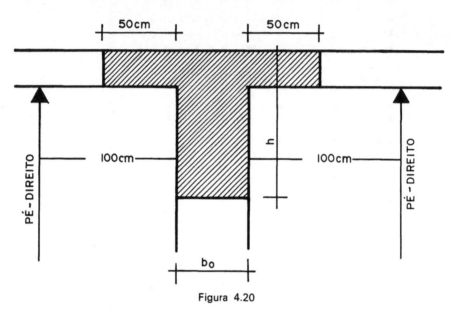

Figura 4.20

distâncias d_1 e d_2, dadas em metros, dos pés-direitos às faces da viga, de um e do outro lado, diferirem de 1,00 m, os pesos indicados na Tab. 4.10, deverão ser acrescidos algebricamente de

$$\frac{260}{2}(d_1 - 1{,}0) + \frac{260}{2}(d_2 - 1{,}0) = 130(d_1 + d_2 - 2{,}0) \text{ kg.}$$

Para o caso de vigas de perímetro, com $d_1 = 1{,}0$ e $d_2 = 0$, bastará, pois diminuir de 130 kg os valores indicados na Tab. 4.10. O peso total da viga se obtém, eviden-

Concreto armado **107**

Tabela 4.11 Pilares poligonais regulares circunscritos a círculo de diâmetro d

Tipo e espaçamento máximo l das gravatas e número n de pregos de $18 \times 27^*$ necessários em cada ligação
Travessa tipo 1 — sarrafo simples de $2,5 \times 10,0$ cm, de cutelo
Travessa tipo 2 — dois sarrafos de $2,5 \times 10,0$ cm, de cutelo
Travessa tipo 4 — tipo 2 com reforço de quatro fios de ferro 3/16", ou tirante de 3/8", no meio da travessa

| d | Concreto socado | | | | | | Concreto vibrado** | | | | | |
| | Hexagonais | | | Octogonais | | | Hexagonais | | | Octogonais | | |
cm	Tipo	l cm	n	Tipo	l cm	n	Tipo	l cm	n	Tipo	l cm	n
20	1	70	2	1	70	2	1	46	3	1	46	2
30	1	70	2	1	70	2	1	46	4	1	46	3
40	1	70	4	1	70	3	1	46	5	1	46	4
50	1	64	6	1	64	4	1	46	7	1	46	5
60	1	53	7	1	59	6	1	38	7	1	46	6
70	1	35	6	1	54	7	2	46	10	1	46	8
	2	54	10	—	—	—	—	—	—	—	—	—
80	2	49	12	1	43	8	2	46	12	1	41	8
90	2	36	10	1	31	8	2	39	10	1	34	8
100	4	45	18	2	45	14	2	32	10	2	46	10
110	4	48	10	2	37	12	4	46	8	2	46	12
120	4	41	10	2	30	12	4	46	8	2	42	12

*Os valores de n devem ser substituídos por $1,25n$ quando se usam pregos de 17×27
**Vibração aplicada a segmentos do pilar de 1,20 m de altura máxima, com intervalos de uma hora e meia

temente, multiplicando o seu peso por metro linear (valor tirado da Tab. 4.10, com as correções acima, se for o caso) pelo vão em metros. Se a viga tiver mísulas, essas serão consideradas como vigas de altura equivalente à sua altura no engastamento no pilar, e, para cálculo dos pontaletes, as mísulas e a parte central da viga serão consideradas como vigas distintas. Obtido o peso total da viga (ou parte dela que se estiver considerando), obtém-se facilmente o número de pontaletes de seção e altura pré-fixadas, dividindo-se aquele peso total pela carga de topo que o pontalete seja capaz de suportar, dada pela Tab. 4.6. O espaçamento dos pontaletes será, evidentemente, o quociente do vão da viga (ou da parte considerada) pelo número de pontaletes. No escoramento das vigas deve-se evitar o travamento, para conservar os pontaletes independentes, de modos a permitir-lhes a retirada em ocasiões diferentes, a partir dos apoios. A distância entre a extremidade da viga e o pontalete externo não deve exceder a metade do espaçamento obtido. As peças mais usadas para pontaletes são os caibros de pinho de $7,5 \times 10,0$ cm de seção; em menor escala usou-se também os de $7,5 \times 7,5$ cm e os caibros de peroba de $6,0 \times 16,0$ e $6,0 \times 12,0$ cm, assim como tronco de eucaliptos.

108   O EDIFÍCIO ATÉ SUA COBERTURA

O artigo 54 da NB-1 admite, nos escoramentos, o emprego de caibros de seção mínima de 5,0 × 7,0 cm, cujo uso é, entretanto, muito limitado, por causa de sua pequena resistência.

Emprega-se atualmente para escoramento de vigas, pontaletes metálicos (tubulares). Aplicam-se aos pontaletes as observações feitas em relação aos pés-direitos do escoramento das formas das lajes e relativas à correspondência vertical em andares sucessivos e ao aumento de carga a considerar, proveniente da velocidade de concretagem dos pavimentos sucessivos.

Quanto à retirada do escoramento das fôrmas da viga, deverá ser iniciado somente 5 ou 2 dias, no mínimo, após a retirada das fôrmas das lajes nela se engastam, conforme se trate, respectivamente, de cimento Portland comum ou de alta resistência inicial. Para o concreto vibrado recomenda-se o uso da Tab. 4.9.

Fôrmas para pilares e colunas — Nas estruturas de concreto armado, de prédios comuns, denominam-se pilares as peças verticais de faces planas, que suportam os pisos dos andares; quando têm seção circular ou limitada por curvas, denominam-se colunas.

Pilares — Os pilares podem apresentar seções variadas, sendo as mais comuns a quadrada e a retangular. Nas construções modernas, a preocupação em esconder, o quanto possível, os pilares na espessura das paredes, torna muito freqüentes as seções retangulares muito alongadas e as em T, L e Z. As fôrmas dos pilares são formadas por painéis verticais, feitos de tábuas de pinho, ligados por gravatas e são esses os elementos a calcular-se. Variando, com o processo de adensamento, a pressão exercida pelo concreto fresco sobre as paredes laterais das fôrmas, esse fator deve ser considerado, também, no cálculo dessas peças.

CONCRETO SOCADO; PAINÉIS — São, como os demais, feitos de tábuas de 2,5 cm de espessura, que trabalham como vigas contínuas, apoiadas nas travessas das gravatas. A pressão exercida sobre as tábuas, pelo concreto fresco, é calculada pela teoria do empuxo de materiais sólidos e granulosos sobre as paredes dos silos. Na prática, não se usa espaçamento de gravatas, ou vão das tábuas, além de 0,70 m, verifica-se que as tábuas não apresentarão deformações superiores a 1,4 mm.

Gravatas — As gravatas dos pilares são formadas por travessas cujas extremidades correspondentes são ligadas por meio de pregos. Além das gravatas comuns de madeira, existem gravatas metálicas e mistas, de tipo vários, todas visando facilitar a montagem e a retirada das fôrmas; mas, nas construções comuns, são elas geralmente formadas pelas próprias travessas de madeira dos painéis, de seções previamente calculadas. Normalmente, as travessas são feitas de sarrafos de 2,5 × × 10,0 cm e caibros de 7,5 × 10,0 cm; a partir de certo limite, porém, é necessário empregar reforços e tirantes de ferro, para dividir o vão das travessas em duas ou mais partes iguais e reduzir os momentos fletores a que estão sujeitas a travessas. Quando as travessas são feitas de sarrafos, há conveniência em fazer-se a aplicação dos reforços e tirantes por meio de montantes verticais, em geral de caibros de 7,5 × 10,0 cm, aplicados sobre eles. A ligação desses montantes, por ferros redondos de 3/16", pode ser feita circundando a fôrma (Fig. 4.21a), ou atravessando-a (Fig. 4.21b), ficando os reforços, nesse caso, mergulhados no concreto, não podendo ser

Concreto armado

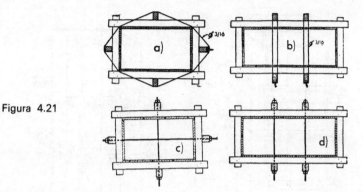

Figura 4.21

reaproveitados. O emprego de tirantes rosqueados (Figs. 4.21c e 4.21d) nessas fôrmas, é muito recomendado, pelo fato de poderem ser reaproveitados se montados dentro de tubos plásticos (espaguetes), como se disse anteriormente.

O primeiro tipo de ligação (Fig. 4.21a), por causa da elasticidade do reforço, não é aconselhável nos pilares de grande seção, visto que não impede a deformação das faces da fôrma. Os montantes podem ser evitados mediante a ligação das travessas opostas, entre si, diretamente pelos reforços ou tirantes.

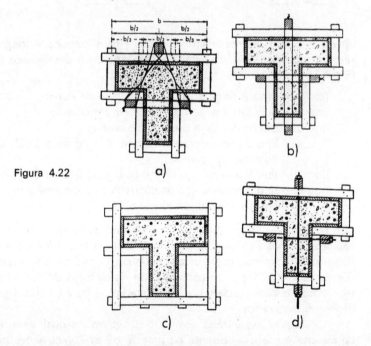

Figura 4.22

Nos pilares em T, L e Z, a não ser nos casos em que se possa conseguir a rigidez das gravatas por meio das próprias travessas (Fig. 4.22c), as ligações de ferros redondos ou tirantes são indispensáveis para evitar o deslocamento dos painéis e a conseqüente deformação do pilar (Fig. 4.22). Todas essas ligações, exceto os tirantes, devem ter, de permeio, numa das extremidades, cunhas que permitam o conveniente

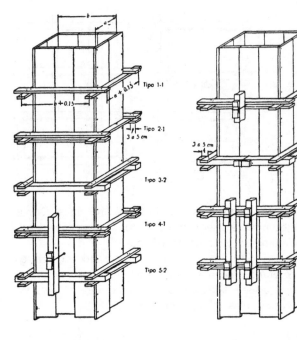

Figura 4.23 Gravatas de pilares

aperto e a fácil desmontagem. Nos casos mais comuns e freqüentes, as gravatas são formadas por travessas feitas de vários modos e classificados nos seguintes tipos (Fig. 4.23):

Tipo 1 — sarrafo simples, de 2,5 × 10,0 cm de cutelo;
Tipo 2 — dois sarrafos de 2,5 × 10,0 cm de cutelo;
Tipo 3 — caibro de 7,5 × 10,0 cm de cutelo;
Tipo 4 — tipo 2 com reforço de quatro fios de ferro 3/16", ou tirante de 3/8", no meio da travessa;
Tipo 5 — tipo 3 com reforço de seis fios, ou tirante de 1/2", no meio da travessa;
Tipo 6 — tipo 2 com reforço de quatro fios de ferro de 3/16", ou tirante de 3/8", em cada terço de travessa.

Travessas — As travessas são calculadas como vigas livremente apoiadas, de vão igual à largura da face do pilar, mais 15,0 cm. Nos tipos 4, 5 e 6, as travessas trabalham, efetivamente, como vigas contínuas; considerando, porém, o deslocamento dos pontos reforçados, em conseqüência da elasticidade dos reforços e tirantes, as travessas, nos vãos parciais, são consideradas na flexão, como vigas simples, em benefício da segurança.

A Tab. 4.12, organizada com $\sigma = 60$ kgf/cm^2, o qual, para pilares retangulares de dimensões de uso corrente na prática, dá as combinações mais adequadas de tipos de gravatas e respectivos espaçamentos. De todos os casos de travessas tipo 6, vistos na Tab. 4.12, o de $a = 1,20$, $b = 1,20$ e $l = 0,41$ m é o que apresenta o maior valor de N, o qual é igual a 716 kgf. O reforço constituído por quatro fios de ferro de 3/16" ou o tirante de 3/8" (áreas transversais equivalentes), suporta folgadamente esse esforço trabalhando a 716 kgf (4 × 0,18 cm^2) = 995 kgf/cm^2.

Concreto armado **111**

Pilares em T, L e Z *ou ocos* — Nesses casos, prolongando-se todos os lados dos ângulos reentrantes até que encontrem o perímetro da seção, formam-se retângulos parciais que em parte se sobrepõem. Da Tab. 4.12 tiram-se então as soluções aplicáveis a esses retângulos parciais, combinando-as depois do modo que seja mais prático, numa solução final com um espaçamento único.

Pregos — O número de pregos de 18 × 27 em cada ligação é $R/50$, sendo R a resultante em cada ângulo do pilar, das forças que atuam nas extremidades das travessas, provenientes da decomposição das cargas que o concreto exerce sobre as travessas por intermédio dos painéis. Foram calculados os números de pregos constantes da parte do lado esquerdo da Tab. 4.11, com arredondamento em regra para a unidade superior. Nos casos de travessas constituídas por duas peças (tipo 2 ou 4), arredondou-se o valor de $R/50$ para o número par imediatamente superior, de modo que fosse inteiro o número $n/2$ de pregos a empregar na ligação de cada duas peças. Os números de pregos constantes da Tab. 4.11 devem ser aumentados de 25% quando se usam pregos 17 × 27.

CONCRETO VIBRADO — Conforme se viu no caso das vigas, sob a ação do vibrador, o concreto fresco age como um líquido de peso específico $\gamma = 2\,400$ kg/m^3, e a pressão interna sobre as paredes da fôrma passa a ser: $p = 2\,400$ h kgf/m^2. Nessas condições, sendo essa pressão proporcional à altura dos pilares, para evitar que atinja valores elevados, que acarretariam a necessidade de fôrmas exageradamente reforçadas e dispendiosas, deve-se fazer o enchimento dos pilares por partes, com intervalos de uma e meia a duas horas, suficientes para que, ao se vibrar o concreto de uma parte, já se tenha iniciado a pega do concreto da parte precedente, cuja resistência não é afetada pela vibração das seções superiores. O processo de cálculo dos diversos elementos é idêntico ao do concreto socado, considerando o enchimento por segmentos de cerca de 1,20 m de altura. Assim foi organizada a Tab. 4.13, que fornece, para as dimensões de pilares correntes na prática, as combinações mais convenientes de tipos de gravatas e respectivos espaçamentos, travessas, pregos, etc.

COLUNAS CIRCULARES — Conforme se disse anteriormente, dá-se o nome de *colunas* a pilares com seção transversal delimitada no todo, ou em parte, por linhas curvas, de qualquer formato. Na prática só se empregam, entretanto, fôrmas simétricas em relação a dois diâmetros perpendiculares, tais como o círculo ou o retângulo acrescido de dois semicírculos. Tratar-se-á, a seguir, apenas das colunas circulares, que constituem o caso mais freqüente. A superfície cilíndrica que limita as colunas é obtida por meio de longos sarrafos de pinho, de 2,5 cm de espessura, e de largura tanto menor quanto menor for o diâmetro da coluna, pregados na parte interna de gravatas formadas pela junção de cambotas de tábuas de pinho. Na realidade a superfície cilíndrica nada mais é do que um conjunto de painéis de largura reduzida, cujos vãos máximos são dados, portanto, pela fórmula $l = \sqrt{0{,}625/p}$ m. Imaginando a gravata constituída idealmente por uma coroa circular inteiriça de madeira de 2,5 cm de espessura e de 6,0 cm de largura, a seção total dessa coroa, segundo um plano diametral qualquer, estava sujeita ao esforço de tração $2T = 1{,}10\,pdl$ kgf,

Tabela 4.12   Pilares retangulares — Fôrmas para concreto socado

Tipo e espaçamento máximo l das gravatas e número n de pregos de 18 × 27* necessários em cada ligação. Tipos das gravatas e travessas

a	Tipo	$b\ cm$													
cm	$l\ cm$ n	20	25	30	35	40	45	50	60	70	80	90	100	110	120
120	Tipo	4-1	4-1	4-1	4-1 5-2	4-2 5-2	4-2 5-2	4-2	5-4	5-4	5-4	5-4	6-5	6-5	6-5 6-6
	l	70	65	56	49 62	45 59	41 55	38	50	45	42	39	43	41	33 41
	n	6	6	6	6 8	6 8	8 10	8	8	8	10	10	10	10	10 8
110	Tipo	3-1 4-1	4-1	4-1	4-1 4-2	4-1 4-2	4-2 5-2	4-2	4-3 5-4	4-4 5-4	5-4	5-4	6-5	6-5	
	l	35 70	70	66	50 59	36 53	49 55	44	40 51	37 49	47	45	44	43	
	n	5 4	6	6	6 8	6 8	8 8	8	8 8	6 8	10	10	10	10	
100	Tipo	3-1 4-1	3-1 4-1	4-1	4-1 4-2	4-1 4-2	4-2	4-2 4-3	4-3 4-4	4-4 5-4	4-4 5-4	4-4 5-4	6-5		
	l	42 70	35 70	67	51 63	38 60	58	45 56	45 49	45 50	42 48	39 47	45		
	n	5 6	5 6	6	6 8	6 8	8	8 10	10 6	8 8	8 8	8 10	8		
90	Tipo	3-1 4-1	3-1 4-1	3-1 4-1	4-1 4-2	4-1 4-2	4-2	4-2 4-3	4-3 4-4	4-4	4-4	4-4			
	l	51 70	43 70	37 68	53 64	39 61	50	47 57	46 53	51	49	48			
	n	5 4	6 6	6 6	6 6	4 6	8	8 8	8 6	8	8	8			
					(1)										
80	Tipo	2-1 3-1	3-1 4-1	3-1 4-1	3-1 4-2	3-1 4-2	4-2	4-2 4-3	4-3 4-4	4-3 4-4	4-4				
	l	43 64	54 70	47 69	42 65	38 62	60	49 58	49 55	35 53	51				
	n	4 6	6 4	6 6	6 6	6 6	8	6 8	8 6	8 6	8				
					(2)			(3)							
70	Tipo	2-1 3-1	2-1 3-1	2-1 3-1	3-1 4-2	3-1 4-2	3-2 4-2	3-2 4-3	4-3 4-4	4-3 4-4					
	l	55 70	47 70	41 61	55 66	42 64	47 61	44 59	52 56	37 54					
	n	6 6	6 7	6 7	7 6	6 6	8 6	8 8	8 10	8 10					

60	Tipo	1-1 2-1	2-1 3-1	2-1 3-1	2-1 3-2	2-1 3-2	2-1 3-2	2-2 4-3	4-3
	l	37 70	63 70	56 70	50 68	45 66	35 63	41 61	56
	n	3 6	6 6	6 7	6 8	6 8	6 8	6 8	8
50	Tipo	1-1 2-1	1-1 2-1	1-1 2-1	1-1 2-1	2-1	2-2	2-2	
	l	52 70	45 70	40 70	36 64	68	64	60	
	n	3 4	3 6	3 6	3 6	8	8	8	
45	Tipo	1-1	1-1 2-1	1-1 2-1	1-1 2-1	1-1 2-2	1-1 2-2		
	l	65	55 70	49 70	45 67	42 70	40 68		
	n	3	3 4	4 6	4 6	4 6	4 8		
40	Tipo	1-1	1-1	1-1 2-1	1-1 2-1	1-1 2-2			
	l	70	70	63 70	58 70	54 70			
	n	3	4	4 4	4 6	4 6			
≤ 35	Tipo	1-1	1-1	1-1	1-1				
	l	70	70	70	70				
35	n	3	3	4	4				
30	n	2	3	3					
25	n	2	2						
20	n	2							

São possíveis ainda as seguintes alternativas:

(1)	(2)	(3)
4-4	3-2	4-2
54	51	52
6	8	6

Tipos das gravatas. O primeiro número indica o tipo das travessas dos lados maiores; o segundo, o das travessas dos lados menores.

Travessa tipo 1 — sarrafo simples de 2,5 × 10,0 cm, de cutelo;

Travessa tipo 2 — dois sarrafos de 2,5 × 10,0 cm, de cutelo;

Travessa tipo 3 — caibro de 7,5 × 10,0 cm, de cutelo;

Travessa tipo 4 — tipo 2 com reforço de quatro fios de ferro 3/16″, ou tirante de ferro de 3/8″, no meio da travessa;

Travessa tipo 5 — tipo 3 com reforço de seis fios de ferro de 3/16″, ou tirante de 1/2″, no meio da travessa;

Travessa tipo 6 — tipo 2 com reforço de quatro fios de ferro de 3/16″, ou tirante de 3/8″, em cada terço da travessa.

*Os valores de n devem ser substituídos por $1,25n$ quando se usam pregos de 17 × 27

Tabela 4.13   Pilares retangulares — Fôrmas para concreto vibrado

Tipo e espaçamento máximo l das gravatas e número n de pregos de 18×27* necessários em cada ligação. Tipos das gravatas e travessas

a cm	Tipo cm / n	20	25	30	35	40	45	50	60	70	80	90	100	110	120
				(1)				(2)							
120	Tipo	4-1 5-1	4-1 5-1	4-1 5-2	4-1 5-2	4-2 5-2	4-2 5-2	4-2 5-4	4-3 5-4	4-3 5-4	4-4 5-4	4-4 5-4	4-4 5-4	4-4 5-4	4-4 6-5
	l	32 46	32 46	32 46	32 46	32 46	32 43	32 46	32 46	31 46	32 46	32 46	32 44	32 38	32 46
	n	6 8	6 8	6 8	6 8	6 10	8 10	8 8	8 8	8 8	6 8	6 10	6 10	8 8	8 8
												(3)			
110	Tipo	4-1 5-1	4-1 5-1	4-1 5-2	4-1 5-2	4-2 5-2	4-2 5-2	4-2 5-4	4-3 5-4	4-3 5-4	4-4 5-4	4-4 5-4	4-4 5-4	4-4 6-5	
	l	38 46	38 46	38 46	32 46	38 46	38 43	36 46	38 46	31 46	38 46	38 46	38 44	38 46	
	n	6 8	6 8	6 8	6 8	8 8	8 8	8 8	8 8	8 8	8 8	8 8	8 10	8 8	
				(4)	(4)			(5)	(5)	(5)					
100	Tipo	4-1 5-1	4-1 5-1	4-1 4-2	4-1 4-2	4-2 5-2	4-2 5-4	4-2 4-3	4-3 4-4	4-3 4-4	4-4 5-4	4-4 5-4	4-4 6-5		
	l	44 46	44 46	40 44	32 44	44 46	43 46	36 44	40 44	31 44	44 46	44 46	44 46		
	n	8 8	6 8	6 8	6 8	8 8	8 6	8 8	10 6	8 8	8 8	8 8	8 8		
90	Tipo	4-1	4-1	4-1 4-2	4-1 4-2	4-2	4-2 4-3	4-2 4-3	4-3 4-4	4-3 4-4	4-4	4-4			
	l	46	46	40 46	32 46	46	43 46	36 46	40 46	31 46	46	46			
	n	6	6	6 6	6 8	8	8 8	8 8	8 6	8 6	8	8			
80	Tipo	4-1	4-1	4-1 4-2	4-1 4-2	4-2	4-2 4-3	4-2 4-3	4-3 4-4	4-3 4-4	4-4				
	l	46	46	40 46	32 46	46	43 46	36 46	40 46	31 46	46				
	n	6	6	6 6	6 8	8	8 8	6 8	8 6	8 6	6				
				(6)				(7)							
70	Tipo	3-1 4-1	3-1 4-1	3-1 4-2	3-1 4-2	3-2 4-2	3-2 4-2	3-2 4-3	4-3 4-4	4-3 4-4					
	l	31 46	31 46	31 46	31 46	31 46	31 43	31 46	40 46	31 46					
	n	8 6	8 6	8 6	8 6	8 8	8 8	8 8	8 6	8 6					

60	Tipo	3-1 4-1	3-1 4-1	3-1 4-2	3-1 4-2	3-2 4-2	3-2 4-3	3-2 4-3	4-3 4-4
	l	40 46	40 46	40 46	32 46	40 46	40 46	36 46	40 46
	n	8 4	8 6	8 6	8 6	8 6	10 8	8 8	8 6

(8)

50	Tipo	2-1 3-1	2-1 3-1	2-1 3-2	2-1 3-2	2-2 3-2	2-2 4-3	2-2 4-3
	l	36 46	36 46	36 46	32 46	36 46	36 46	36 46
	n	6 8	6 8	6 8	6 8	8 8	8 8	8 8

(9)   (10)

45	Tipo	2-1 3-1	2-1 3-1	2-1 3-2	2-1 3-2	2-2 3-2	2-2 4-3
	l	43 46	43 46	40 46	32 46	43 46	43 46
	n	6 8	6 8	6 8	6 8	8 8	8 6

(11)   (11)

40	Tipo	2-1	2-1	2-1 2-2	2-1 2-2	2-2
	l	46	46	40 46	32 46	46
	n	6	6	6 8	6 8	8

35	Tipo	1-1 2-1	1-1 2-1	1-1 2-2	1-1 2-2
	l	32 46	32 46	32 46	32 46
	n	4 6	4 6	4 6	5 8

(12)

30	Tipo	1-1 2-1	1-1 2-1	1-1 2-2
	l	40 46	40 46	40 46
	n	4 6	5 6	5 6

25	Tipo	1-1	1-1
	l	46	46
	n	4	5

20	Tipo	1-1
	l	46
	n	4

São possíveis ainda as seguintes alternativas:

(1)	(2)	(3)
5-1	5-2	4-4
40	36	38
8	8	8

(4)	(5)	(6)	(7)
5-2	5-4	4-1	4-2
46	46	40	36
8	8	6	6

(8)	(9)	(10)	(11)	(12)
3-2	3-1	3-2	2-2	2-1
40	40	43	43	40
8	8	8	8	6

Tipos das gravatas. O primeiro número indica o tipo das travessas dos lados maiores; o segundo, o das travessas dos lados menores.

Travessa tipo 1 — sarrafo simples de 2,5 × 10,0 cm, de cutelo;

Travessa tipo 2 — dois sarrafos de 2,5 × 10,0 cm, de cutelo;

Travessa tipo 3 — caibro de 7,5 × 10,0 cm, de cutelo;

Travessa tipo 4 — tipo 2 com reforço de quatro fios de ferro 3/16″, ou tirante de ferro de 3/8″, no meio da travessa;

Travessa tipo 5 — tipo 3 com reforço de seis fios de ferro de 3/16″, ou tirante de 1/2″, no meio da travessa;

Travessa tipo 6 — tipo 2 com reforço de quatro fios de ferro de 3/16″, ou tirante de 3/8″, em cada terço da travessa.

*Os valores de *n* devem ser substituídos por 1,25*n* quando se usam pregos de 17 × 27

onde *pdl* é o esforço de tração na seção diametral do envoltório cilíndrico circular de comprimento, *l*, e 1,10 o coeficiente que leva em conta o fato de os pequenos painéis da superfície cilíndrica funcionarem como vigas contínuas de três vãos no mínimo.

Podendo a madeira trabalhar à tração com $T = 80 \text{ kgf/cm}^2$, segue-se que a largura da coroa deverá ser tal que $2{,}5 \times b \times 80 = T$ kgf donde $b = T/200$ cm. Ora, já que se supôs ser o plano da seção diametral, absolutamente, qualquer um, segue-se que, se a coroa, em lugar de ser inteiriça, for constituída pela junção de cambotas com a forma de segmentos de coroa e ligados entre si, diretamente ou por meio de emendas sobrepostas de sarrafos de 2,5 cm × 6,0 cm, cada ligação estará sujeita e deverá ser prevista para resistir ao esforço de tração dado pela fórmula $T = 0{,}55 \, pdl$ kgf. As gravatas de madeira podem ser reduzidas ao número mínimo

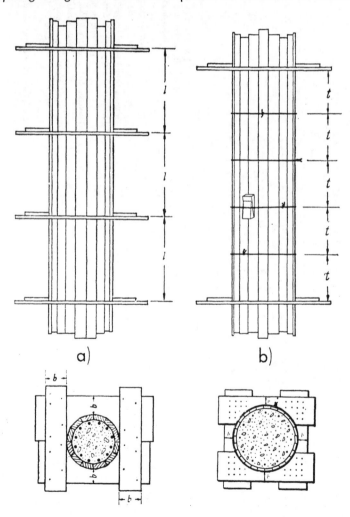

Figura 4.24

Concreto armado

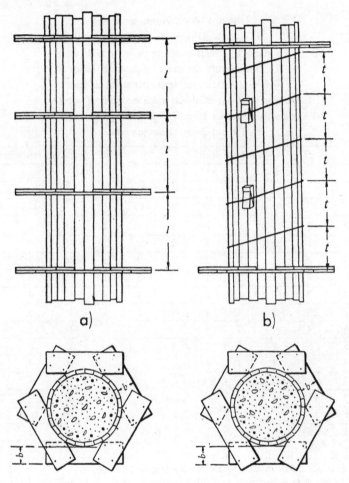

Figura 4.25

necessário para a montagem da fôrma, substituindo-se os demais por anéis de ferro redondo de 3/16", separados ou em hélice. Nas Figs. 4.24 e 4.25 estão representados os tipos práticos de gravatas, a saber:

Tipo X — duas cambotas justapostas, com duas emendas sobrepostas (Fig. 4.24a);
Tipo Y — quatro cambotas (Fig. 4.24b);
Tipo Z — seis cambotas (Fig. 4.25).

Conquanto, como se viu, jamais se necessite b acima de 5 cm, é esse o valor mínimo que se adota, sendo preferível fazê-lo ainda maior, sempre que possível. No quadro a seguir são dados os diâmetros máximos das colunas que podem ser obtidos com os diversos tipos de gravatas.

Diâmetro máximo das colunas dado em centímetro, em função de b e da largura do sarrafo ou tábua da cambota.

Tabela 4.14 Colunas circulares

d = diâmetro da coluna

Solução 1 — Anéis ou hélice de ferro de 3/16''

t = espaçamento dos anéis ou passo da hélice

Solução 2 — Gravatas de cambotas de madeira

Largura mínima das cambotas e das emendas: $b = 5,0\,cm$;

n = número de pregos de 18 × 27* em cada ligação das cambotas;

l = espaçamento das gravatas

		Concreto socado							Concreto vibrado***		
		n**								n**		
d	t	l cm						t	l cm		
cm	cm	40	45	50	55	60	65	70	cm	35	40	45
20	70	1	1	1	1	1	1	1	46	2	3	3
25	70	1	1	2	2	2	2	2	46	3	3	4
30	70	2	2	2	2	2	2	3	46	3	4	4
35	70	2	2	2	3	3	3	3	46	4	4	5
40	70	3	3	3	3	4	4	4	46	4	5	5
45	68	3	3	4	4	4	5		43	5	5	6
50	65	4	4	5	5	5	6		39	5	6	7
60	45	5	6	6	7	8			33	6	7	8
70	33	7	8	8	9				26	7	8	9
80	25	9	10	11					23	8	9	10
90	20	11	12						20	9	10	12
100	16	14	15						18	10	11	13
110	13	16							16	11	13	
120	11	19							15	12	14	

*Substituir n por $1,25n$ quando forem usados pregos de 17 × 27

**No caso de emendas sobrepostas às cambotas, usar n pregos de 18 × 27, ou $1,25n$ de 17 × 27, de cada lado da emenda

***Supõe-se a concretagem da coluna feita por segmentos de 1,20 m de altura no máximo, com intervalos de uma hora e meia a duas horas

Tipo de gravata	b	Largura do sarrafo ou tábua em centímetros			
	cm	10	15	20	30
X	5	—	15	25	45
	7,5	—	—	20	40
	10	—	—	15	35
Y	5	17	51	85	153
	7,5	—	30	68	136
	10	—	17	51	120
Z	5	21	64	107	192
	7,5	—	43	85	171
	10	1	21	64	150

Concreto armado **119**

A gravata tipo X é a mais simples, mas só serve para pequenos diâmetros. Convém notar que, pelo aspecto do consumo de pregos, não apresenta vantagem sobre o tipo Y, pois se esta exige $4n$ pregos, n em cada ângulo, aquela também exige n pregos de cada lado das emendas, ou sejam os mesmos $4n$ pregos ao todo.

A gravata tipo Y é fácil de ser montada e abrange só os diâmetros de coluna que ocorrem na prática. A gravata tipo Z, embora bastante usada, contra a única vantagem, em relação ao tipo Y, de permitir os mesmos diâmetros de coluna com menor largura das tábuas em que se recortam as cambotas, apresenta as desvantagens de montagem mais difícil (ângulos de 120° em vez de 90°) e maior consumo de pregos ($6n$ em vez de $4n$).

FÔRMAS PARA PAREDE — Os grandes edifícios, em geral, dispõem de subsolo cujos compartimentos são aproveitados para depósito, localização de caixas d'água, instalação de bombas elevatórias, etc. e onde, freqüentemente, se verifica a necessidade da construção de caixas d'água. Também as vigas-paredes estão sendo cada vez mais empregadas nas modernas estruturas de concreto armado. As fôrmas das paredes compõem-se de dois painéis de tábuas horizontais ligadas por travessas verticais, idênticas aos das faces de vigas, de grande altura. Seu cálculo se faz seguindo a marcha indicada para estas e se resume na escolha do tipo e do espaçamento das travessas verticais, tendo em conta o processo de adensamento.

Painéis — O espaçamento das travessas é limitado pela resistência das tábuas. Sendo l metro esse espaçamento, e p kgf/m² a pressão da carga Q, que atua em cada vão das tábuas de largura b metros. Para a organização da relação a seguir, que fornece, o tipo e o espaçamento das travessas verticais, foram classificados os seguintes tipos:

Tipo   I — sarrafo simples de 2,5 × 10,0 cm de chato;
Tipo   II — sarrafo simples de 2,5 × 10,0 cm de cutelo;
Tipo III — caibro de 7,5 × 7,5 cm;
Tipo IV — caibro de 7,5 × 10,0 cm de cutelo;
Tipo   V — tipo IV com um reforço de dois fios de ferro de 3/16" ou um tirante de 3/16", em $h/2$;
Tipo VI — tipo IV com um reforço de quatro fios de ferro de 3/16" ou um tirante de 5/16", em $h/2$.

A Tab. 4.15 foi organizada tendo a limitação de $l = 0,80$ m, os espaçamentos máximos admitidos pelas travessas dos tipos I a VI, para h variando de 0,40 a 1,50 m. Os reforços e tirantes foram previstos suficientes para resistirem ao esforço de tração $5 \times A \, 2/8$. Se se tratar de parede de altura maior do que 1,50 m, a concretagem deverá ser feita por partes com essa altura no máximo, com intervalos de uma e meia a duas horas.

Escoramentos — Os painéis dessas fôrmas devem ser solidamente escorados, para que não se desaprumem, e ligados entre si por tirantes ou reforços de ferro redondo, a fim de que não se separem ou se deformem. A espessura das paredes é garantida por meio de espaçamento de sarrafos de 2,5 × 10,0 cm, ou caibros de 7,5 × 7,5 cm ou 7,5 × 10,0 cm, apertadas com cunhas, que vão sendo retirados à

120 O EDIFÍCIO ATÉ SUA COBERTURA

Tabela 4.15 Paredes — Espaçamento máximo das travessas verticais, dado em centímetros

Travessa tipo   I — sarrafos simples de $2,5 \times 10,0$ cm, de chato
Travessa tipo   II — sarrafo simples de $2,5 \times 10,0$ cm, de cutelo
Travessa tipo III — caibro de $7,5 \times 7,5$ cm
Travessa tipo IV — caibro de $7,5 \times 10,0$ cm, de cutelo
Travessa tipo   V — tipo IV com um reforço de dois fios de ferro de $3/16''$, ou um tirante de $5/16''$, em $h/2$
Travessa tipo VI — tipo IV com um reforço de quatro fios de ferro de $3/16''$, ou um tirante de $5/16''$, em $h/2$

h cm	Concreto socado						Concreto vibrado					
	Tipo das travessas						Tipo das travessas					
	I	II	III	IV	V	VI	I	II	III	IV	V	VI
40	80	—	—	—	—	—	57	70	—	—	—	—
50	50	80	—	—	—	—	—	70	—	—	—	—
60	—	80	—	—	—	—	—	65	—	—	—	—
70	—	74	80	—	—	—	—	43	61	—	—	—
80	—	49	75	—	—	—	—	—	48	57	—	—
90	—	35	58	70	—	—	—	—	34	53	—	—
100	—	—	42	67	—	—	—	—	—	44	51	—
110	—	—	—	57	63	—	—	—	—	33	48	—
120	—	—	—	44	61	—	—	—	—	—	—	46
130	—	—	—	35	58	—	—	—	—	—	—	41
140	—	—	—	—	—	56	—	—	—	—	—	33
150	—	—	—	—	—	46	—	—	—	—	—	27

medida que se faz o enchimento das fôrmas. Nas Figs. 4.26a e 4.26b estão indicados dois tipos de escoramentos dessas fôrmas, mostrando de preferência os casos em que esse escoramento não pode ser feito nos dois painéis. A Fig. 4.26b indica um tipo de escoramento que dispensa estacas, necessário freqüentemente na execução de paredes de caixas d'água. Quando as dimensões internas de caixa não são muito grandes, os painéis das paredes opostas podem escorar-se mutuamente e, nesse caso, o escoramento é disposto horizontalmente e convenientemente travado.

FÔRMAS PARA FUNDAÇÕES — As fundações de edifícios comuns, apoiadas ou não sobre estaqueamento, devem ser executadas sobre terreno devidamente apiloado e regularizado com uma camada de concreto magro. Suas fôrmas limitam-se, em geral, aos painéis laterais, feitos, como os demais, de tábuas comuns de pinho ligadas por travessas de $2,5 \times 10,0$ cm ou $7,5 \times 10,0$ cm. O cálculo desses painéis é feito como no caso das fôrmas das paredes. Para a determinação do tipo e do espaçamento das travessas de $2,5 \times 10,0$ cm ou $7,5 \times 10,0$ cm. O cálculo desses painéis é feito como no caso das fôrmas das paredes. Para a determinação do tipo e do espaçamento das travessas, usar-se-á, pois, a Tab. 4.15.

Para que os painéis se mantenham na posição vertical, as extremidades inferiores das travessas apóiam-se em estacas fincadas no solo, ou são elas próprias cravadas, tendo nesse caso comprimento apropriado, e as extremidades superiores são firmadas por escoras apoiadas quer em estacas fincadas no solo, quer na tábua do próprio terreno (Figs. 4.27a e 4.30), ou conforme os tipos indicados nas fôrmas da parede

Concreto armado

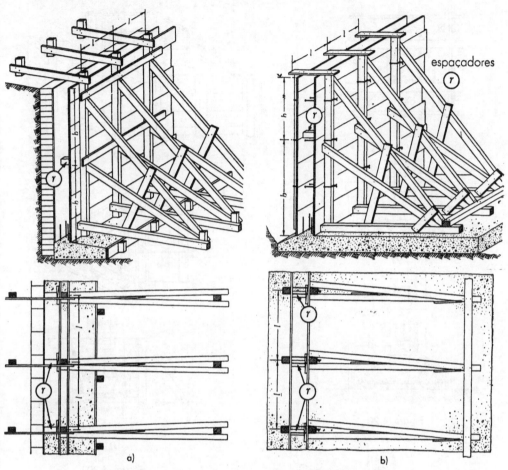

Figura 4.26 Tipos de escoramentos de fôrmas de paredes

(Figs. 4.26a e 4.26b). A fixação dos painéis pode também ser obtida, com vantagem, por meio de reforços de fios de ferro ou tirantes com extremidades rosqueadas munidas de porca, que dispensam escoramento (Figs. 4.27b e 4.32). Os painéis contíguos são ligados uns aos outros por meio de emendas de tábuas e, quando necessário, os opostos são ligados entre si, por ferros redondos de 3/16", que ficam imersos no concreto, ou por tirantes rosqueados.

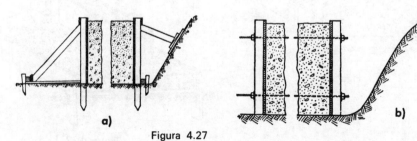

Figura 4.27

122   O EDIFÍCIO ATÉ SUA COBERTURA

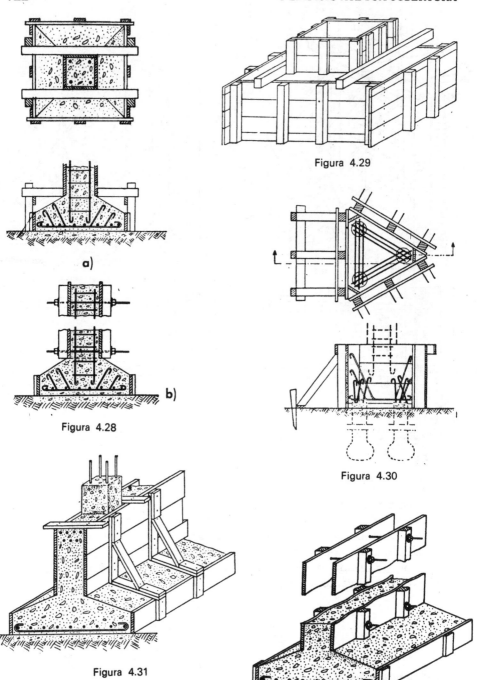

Figura 4.28

Figura 4.29

Figura 4.30

Figura 4.31

Figura 4.32

Concreto armado

As faces horizontais das fundações e as de pequena inclinação dispensam vedação, mantendo-se pelo próprio peso, desde que o concreto não seja muito plástico. Os tipos mais comuns de fundações de concreto armado são: sapatas em degraus (Fig. 4.29); sapatas armadas (Figs. 4.28a e 4.28b); blocos sobre estacas (Fig. 4.30); vigas invertidas (Figs. 4.31 e 4.32); e sapata geral.

O último tipo é constituído por vigas invertidas (Figs. 4.31 e 4.32) ligadas por lajes executadas sem necessidade de fôrmas.

FÔRMAS PARA ESCADAS — As escadas podem ser retas ou curvas e a execução das respectivas fôrmas é peculiar a cada um desses tipos.

Escadas retas — As fôrmas para escadas retas são executadas de maneira idêntica à das lajes; os lances são formados por painéis inclinados, de tábuas colocadas no sentido longitudinal da escada, limitados lateralmente por tábuas pregadas de cutelo, que formam os espelhos dos degraus (Fig. 4.33). As tábuas para o piso dos degraus são dispensáveis, desde que se não use concreto muito plástico.

Para evitar a deformação das tábuas dos espelhos e o conseqüente abaulamento dos degraus, elas devem ser ligadas umas ás outras, pela borda superior, por sarrafos longitudinais (Fig. 4.33b). A laje do lance pode apoiar-se sobre vigas laterais (Fig. 4.34a),

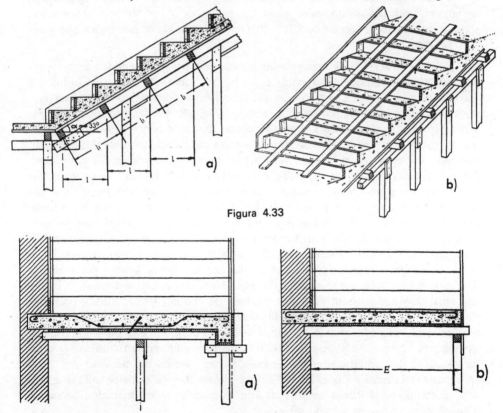

Figura 4.33

Figura 4.34

124   O EDIFÍCIO ATÉ SUA COBERTURA

Tabela 4.16   Escadas retas (Laje de 10 cm apoiada sobre travessões de caibros de 7,5 × 10,0 cm, de cutelo, repousando sobre guias laterais de tábuas de 2,5 × 30,0 cm)

$\alpha = 33°$		$g = 542\,\text{kg/m}^2$						$g_1 = 645\,\text{kg/m}^2$				
Largura da escada	E m	0,80	0,90	1,00	1,10	1,20	1,30	1,40	1,50	1,60	1,70	1,80
Espaçamento dos travessões — na horizontal	l m	0,61	0,57	0,54	0,51	0,49	0,47	0,45	0,44	0,38	0,34	0,30
Espaçamento dos travessões — no painel	l_1 m	0,72	0,68	0,64	0,61	0,58	0,56	0,54	0,52	0,45	0,40	0,36
Vão das guias	L m	1,22	1,14	1,08	1,02	0,98	0,94	0,90	0,88	0,76	0,68	0,60
Carga máxima sobre o pé-direito	A kg	412	432	454	473	496	515	532	556	512	487	455

ou não dependendo do modo como foi calculada. Em caso de escada apoiada sobre vigas laterais ou sobre paredes, pode-se evitar o uso da fôrma para laje, mediante o emprego de degraus pré-moldados, cujas extremidades são embutidas nas paredes ou nas vigas moldadas na ocasião.

A Tab. 4.16 foi organizada para escadas retas indicadas de 33º, de 0,80 a 1,80 m de largura, com painéis apoiados sobre travessões de 7,5 × 10,0 cm, repousando sobre guias laterais de tábuas de 2,5 × 30,0 cm, trabalhando os travessões ę as guias a 70 kgf/cm².

Escadas curvas — A laje das escadas curvas desenvolve-se segundo uma super-fície helicoidal, que pode ser apoiada pelas bordas sobre os muros que formam a caixa da escada, ou sobre vigas curvas que acompanham o desenvolvimento da laje; pode também projetar-se em balanço, apoiando-se, pela borda, externa ou interna, sobre parede ou coluna. Para a execução dessas fôrmas, é necessário traçar, previa-mente, sobre as paredes que constituem a caixa da escada ou, quando estas não existirem, sobre painéis de tábuas verticais, as curvas correspondentes aos desen-volvimentos das bordas da superfície helicoidal. Acompanhando essas curvas, fa-zem-se saliências por meio de tábuas curtas ou de ripas, que vão servir de apoio aos sarrafos que formam o painel helicoidal sobre o qual é feita a laje da escada. Quando a escada se apóia sobre vigas, estas acompanham as curvas de desenvol-vimento das bordas da laje, e as fôrmas respectivas se apóiam em tábuas verticais e em caibros. Os fundos dessas vigas são feitos de cambotas curtas emendadas, e as faces são de sarrafos pregados nas bordas das cambotas, ligados por meio de ripas que acompanham a curvatura da viga. Além dos apoios extremos, o painel helicoidal deve ser também escorado no meio do vão por tábuas curtas, pregadas de cutelo nos pés-direitos, ou por caibros curtos, apoiados nos mesmos ou em tra-vessões dispostos radicalmente. O painel helicoidal pode ser evitado recorrendo-se aos degraus pré-moldados, obedecendo o formato dos mesmos ao desenvolvimento da escada, cujas extremidades são embutidas nas paredes da caixa ou nas vigas de suporte, moldadas na ocasião. No cálculo dessas fôrmas, pode-se utilizar a Tab. 4.16, adotando-se na borda externa da laje os espaçamentos indicados, sendo os travessões dispostos no sentido radial.

capítulo 5
ALVENARIA

Alvenaria é toda obra constituída de pedras naturais, tijolos ou blocos de concreto, ligados ou não por meio de argamassas, comumente deve oferecer condições de resistência e durabilidade e impermeabilidade. A aplicação de tijolos satisfaz plenamente as condições de resistência e durabilidade; a impermeabilização, nesse caso, é obtida por meios artificiais, utilizando produtos específicos. A impermeabilidade à umidade tem interesse especial sob o ponto de vista higiênico; é exigida porque a umidade é prejudicial à saúde. Podemos classificar as alvenarias em estrutural e de vedação.

A alvenaria estrutural deve satisfazer às seguintes condições:

a) ser isolante térmico;

b) ser isolante acústico;

c) deve resistir a impactos;

d) não ser combustível;

e) ser resistente;

As alvenaria de tijolos constituem entre nós a estrutura, esqueleto dos edifícios, quer empregadas isoladamente quer em combinação com o concreto armado.

A alvenaria poderá ser feita utilizando-se os materiais a seguir.

a) Tijolos de barro cozido — comum; laminado; furado, com quatro furos, com seis furos, com oito furos; refratário baiano.

b) Blocos de concreto.

c) Concreto celular.

d) Tijolo de vidro.

e) Pedras naturais (argamassados, travados).

TIJOLOS DE BARRO COZIDO

Tijolo comum — A matéria-prima da fabricação do tijolo é a argila, misturada com um pouco de terra arenosa. A argila, depois de selecionada é misturada com um pouco de água até formar uma pasta. Dessa pasta os tijolos uns são moldados em fôrmas, e colocados a secar ao sol — nesse estado são chamados *adobes* — e são cozidos em fornos com a temperatura entre 900 e 1100 °C. Os tijolos mais próximos do fogo adquirem uma resistência maior do que os mais afastados. A cor do tijolo varia com a qualidade da argila usada; porém a mais encontrada é o vermelho-amarelado. Através da sonoridade pode-se distinguir o grau de cozimento, pois o tijolo bem cozido produz um som peculiar ou metálico, quando batido com a colher.

Quebrando-se o tijolo, ao verificar-se o seu interior, notar-se que o meio ainda se apresenta barrento, é sinal de que o tijolo está mal cozido. O bom tijolo tem uma superfície porosa e áspera e suas arestas são vivas e duras, e, quando quebrado, apresenta saliências e reentrâncias. A absorção da água pelo tijolo deve estar por volta de 1/15 do seu peso. O seu peso varia entre 2 a 3 kg.

CORTE — O tijolo comum é cortado conforme o tamanho necessário para amarração. Os cortes mais comumentes usados são feitos perpendicularmente ao comprimento e chamam-se *meio-tijolo, um quarto* e *três quartos* (Fig. 5.1).

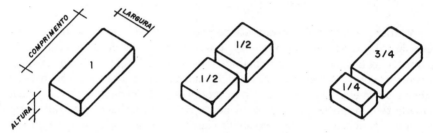

Figura 5.1 Medidas do tijolo

APLICAÇÃO — Como aplicação dos tijolos podemos citar: paredes, pilares, muros em geral, pisos secundários, fundações diretas, ornatos, etc.

DIMENSÕES — As medidas dos tijolos devem obedecer os requisitos expostos a seguir. 1) Apresentar facilidade de manuseio pelo pedreiro, facilidade pelo formato adequado e pelo peso reduzido. As operações manuais podem ser classificadas em dois tipos: monomanuais, realizadas com uma mão, e bimanuais, realizadas com as duas mãos. Apesar de existirem na história do desenvolvimento desse material, exemplos de formatos que exigiram operações bimanuais, o tijolo maciço de barro cozido apresenta dimensões que permitem um fácil manuseio utilizando somente uma mão. Na maioria das operações o tijolo é agarrado ou seguro na dimensão menor que chamamos impropriamente de espessura, tratando-se, realmente, de altura. No canteiro, entretanto, é em geral assentado pela largura. A aptidão de uma unidade para ser manuseada e assentada é portanto condicionada à largura e à altura. A primeira, sendo uma medida maior, terá maior importância e deverá logicamente ser antropométrica, conforme ilustra a Fig. 5.2, mostrando como a medida da palma da mão determina, a largura do tijolo. Essa medida é, em média, 10 cm. 2) Atender

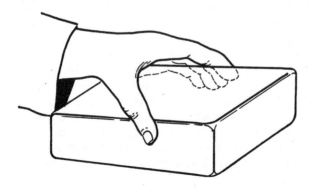

Figura 5.2

Alvenaria

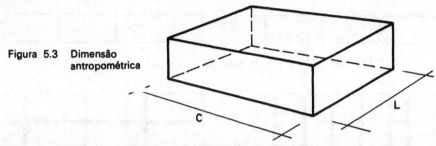

Figura 5.3 Dimensão antropométrica

à regra de Frisch, em virtude da qual — sendo (veja a Fig. 5.3): C, comprimento; L, largura; H, altura; J, espessura da junta — temos

$$C = 2L + J,$$
$$L = 2H + J.$$

3) Ter alturas que na operação de secagem, que precede o forneio, não provoquem retração excessiva da argila e conseqüentemente fissuramento e deformação do tijolo. As argilas, sendo constituídas de partículas coloidais absorvem água em elevada porcentagem em relação a seu volume. Essa água ao secar por evaporação natural ou por meios artificiais provoca retração da massa. Portanto, quanto maior a altura, mais acentuado é o fenômeno. Em geral, a argila não deve ser muito magra. Sua secagem deve ser lenta e é melhor quando realizada em pátio coberto, devendo perder pelo menos 20% de água; também a queima até 200 ºC deverá ser lenta. As dimensões mais habituais são, atualmente, as seguintes: 5,0 × 11,0 × 23,0 cm e 5,5 × 12,0 × 25,0 cm.

EXECUÇÃO DE PAREDES — *paredes de ½ tijolo* — Na execução de panos de paredes de espelho (espessura da parede 11,0cm) deve-se cumprir a orientação dada a seguir.

1) Obedecendo a demarcação espalhar a massa, e, assentar dois tijolos a espelho em cada extremidade tomando como referência o escantilhão. O escantilhão consiste em uma régua de madeira com o comprimento do pé-direito (distância que vai do piso ao forro) graduada fiada por fiada, a cada 6,0 cm, sendo 5,0 cm a altura do tijolo e 1,0 cm de junta (argamassa entre os tijolos).

2) Estender a linha pela aresta superior dos tijolos já assentados, do lado da futura face da parede, prendendo as pontas por baixo dos mesmos.

3) Completar a primeira fiada com tijolos inteiros, conforme a Fig. 5.4, primeira fiada.

4) Iniciar a segunda fiada com meio-tijolo conforme a Fig. 5.4, segunda fiada.

5) Assentar a segunda fiada deixando um intervalo na parte central do painel.

6) Repetir sucessivamente a primeira e a segunda fiada, levantando prumadas, e aumentando sucessivamente o intervalo central (iniciado na segunda fiada).

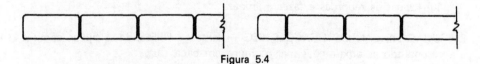

Figura 5.4

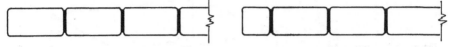

Figura 5.5 Parede de meio-tijolo — amarração das fiadas

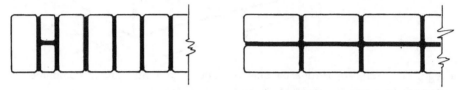

Figura 5.6 Parede de um tijolo — amarração das fiadas

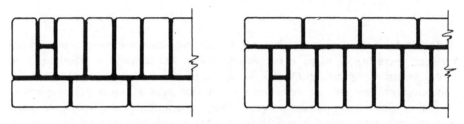

Figura 5.7 Parede de um tijolo e meio — amarração das fiadas

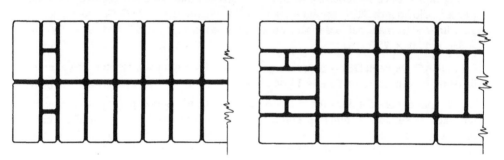

Figura 5.8 Paredes de dois tijolos — amarração das fiadas

7) Prosseguir até doze fiadas nas extremidades, deixando na parte central assentada somente a primeira fiada.

8) Executadas as prumadas, voltar e completar a segunda fiada, obedecendo as amarrações (Fig. 5.4), e distorcendo os tijolos, tanto no comprimento como no alto, a fim de se obter um pano de parede perfeitamente plano, vertical, e com fiadas em nível.

9) Prosseguir repetindo as fiadas até o respaldo.

10) Raspar as rebordas e fazer a limpeza.

EXECUÇÃO DE CANTOS, LIGAÇÕES, ETC. — *cantos* — Utilizando-se tijolos comuns e apresentando as amarrações mais comuns em cada caso.

Canto em ângulo reto de meio-tijolo — na execução desse elemento deve-se ter em vista a seguinte orientação:

Alvenaria

1) obedecendo a demarcação colocar um tijolo no canto e outro na extremidade de cada lance da parede, tendo sempre o escantilhão para definição da altura da fiada;
2) estender a linha em ambos os lances, fixando as extremidades;
3) assentar a primeira fiada de fora a fora, fazendo o canto conforme mostra a Fig. 5.9;

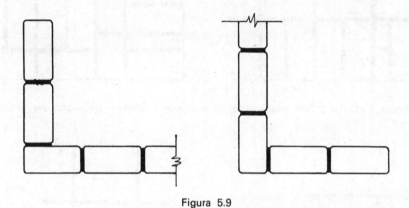

Figura 5.9

4) fazer a segunda fiada conforme mostra a Fig. 5.9;
5) executar a terceira fiada como a primeira, a quarta como a segunda, e assim sucessivamente;
6) diminuindo a extensão dos dois lances com a altura, obter-se, dessa maneira, as prumadas do canto, na direção dos dois lances; utilizar o prumo, a linha e o escantilhão;
7) raspar as rebarbas e fazer a limpeza.

Na execução dos demais cantos a orientação geral é a mesma, variando apenas a amarração.

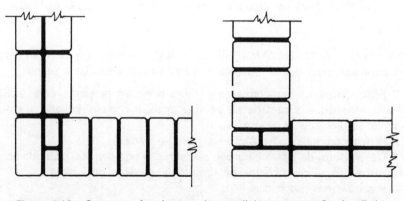

Figura 5.10 Canto em ângulo reto de um tijolo — amarração das fiadas

O EDIFÍCIO ATÉ SUA COBERTURA

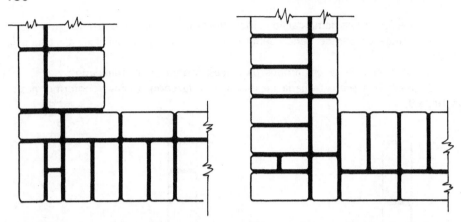

Figura 5.11   Canto em ângulo reto de um tijolo e meio — amarração das fiadas

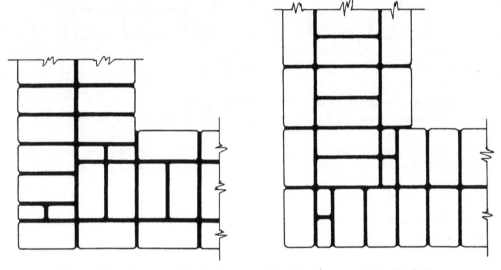

Figura 5.12   Canto em ângulo reto de dois tijolos — amarração das fiadas

CUIDADOS GENÉRICOS NA EXECUÇÃO DAS ALVENARIAS — No assentamento dos tijolos é indispensável que se observe as instruções enumeradas a seguir.

1) Pouco antes do assentamento o tijolo deve ser molhado, para facilitar a aderência, eliminando a camada de pó que envolve o tijolo. Impedir a absorção pelo tijolo da umidade da argamassa.

2) Perfeito prumo na disposição das diversas fiadas.

3) Desencontro de juntas para que a amarração seja perfeita, evitando-se dessa maneira o que o pedreiro chama de *sorela* (superposição de juntas).

4) Nível das diversas fiadas.

5) Será no máximo de 1,5 cm (normal, 1,0 cm) a espessura das juntas

Alvenaria 131

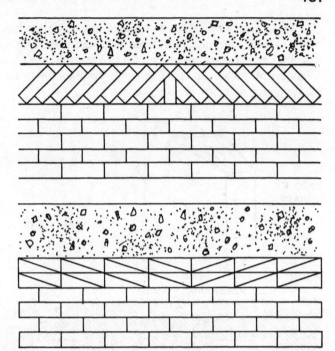

Figura 5.13

6) Saliências maiores que 4,0 cm, deverão ser previamente preenchidas com os próprios tijolos da alvenaria, sendo vetado, nesses casos, o uso da argamassa.

7) Não cortar tijolo para formar espessura de parede.

8) Paredes que repousam sobre vigas contínuas, devem ser levantadas simultaneamente; não devem ter alturas com mais de 1 m de diferença.

9) No enchimento de vãos nas estruturas de concreto armado, deverá ser suspensa a uma distância de 20,0 cm. Enchê-la quando o painel superior estiver na mesma altura. O enchimento ou cunhamento será feito com tijolos inclinados ou cortados em diagonal conforme indica as Figs. 5.13a e 5.13b. Tomar cuidado em usar inclinações diferentes nas duas seções ou partes do painel.

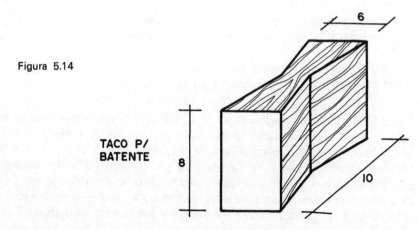

Figura 5.14

10) Colocação de tacos de madeira (Fig. 5.14) para fixação de batentes de porta em número de seis unidades sendo três para cada lado e para fixação de rodapés (Fig. 5.15) com espaçamento de 60,0 cm. Essa colocação se faz juntamente com o assentamento dos tijolos para se evitar posteriormente ter que quebrar a alvenaria para embutir os tacos de fixação.

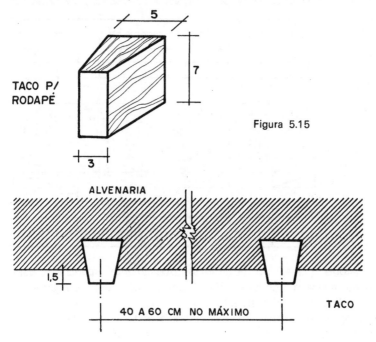

Figura 5.15

11) Não executar paredes de meio-tijolo com comprimento maior que 5 m entre amarrações.

12) Não construir paredes inferiores a meio-tijolo.

13) Vãos situados diretamente sobre o solo (fundações diretas, sapatas corridas) levarão vergas, em se tratando de portas e vergas e contravergas (peitoris) em vãos de janelas.

14) Para lajes de concreto armado apoiadas em alvenaria, deverá ser construída no respaldo, juntamente com a laje, uma cinta de concreto armado de seção 11,0 × 11,0 cm.

15) Cargas concentradas, como vigas, não deverão apoiar-se diretamente na alvenaria, mas sim através de coxins de concreto armado.

Tijolo laminado — É semelhante ao tijolo comum, tendo massa mais homogênea e compacta, bem cozido, duro, de faces planas e arestas vivas. Possui 21 furos cilíndricos, normais às faces maiores (Fig. 5.16), com dimensões de 24,0 × 11,5 × 5,25 cm. Os furos evitam que esse tijolo, devido à sua massa compacta, tenha um peso excessivo. Recomenda-se a aplicação desse tijolo no caso de alvenaria aparente, em substituição à litocerâmica. Em alvenarias destinadas a receber revestimentos não se recomenda a aplicação, porque a sua superfície lisa oferece dificuldades à aderência

Alvenaria

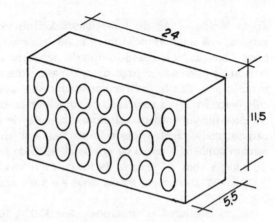

Figura 5.16

da argamassa. Em casos excepcionais se poderá revestir uma alvenaria de tijolos laminados, utilizando-se primeiramente, um chapiscado (revestimento áspero de argamassa). Sôbre esse chapiscado aplica-se em seguida a argamassa de regularização, emboço. O seu preço e muito maior que o tijolo comum. São muito mais duros que o tijolo comum, essa qualidade torna-os, às vezes, inconvenientes, pois, sua dureza dificulta a abertura de rasgos nas paredes para embutir os encanamentos de água e os conduítes, assim como seu corte no assentamento. Outro inconveniente desse tijolo é o consumo exagerado de massa para seu assentamento, onde os furos absorvem o excesso de argamassa.

Tijolo refratário — São produtos de cozimento de argilas refratárias a altas temperaturas; resistem, sem se deformar ou se vitrificar, à temperatura máxima a 1 200 °C; sua resistência à compressão é superior a 100 kgf/cm^2; sua dilatação linear deve ser menor do que 5%; é aplicado em revestimento de lareiras, fornos, etc.

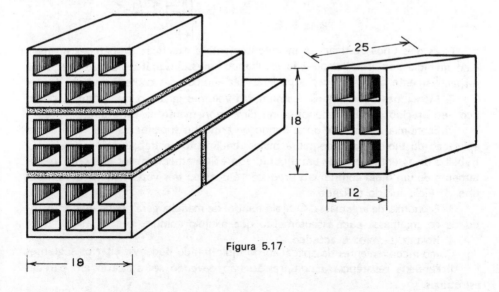

Figura 5.17

Tijolo furado — São produtos laminados ou extrudados, apresentando na parte externa uma série de rachaduras, e, no seu interior, pequenos canais prismáticos — furos. Como as faces dos tijolos furados são sensivelmente lisas as rachaduras externas facilitam a aderência e pega da argamassa. Internamente a existência dos furos diminui o peso dos tijolos, recomendando-se a aplicação desse material em paredes cujo único fim seja a separação de compartimentos. Essa aplicação permite economia no dimensionamento da estrutura-esqueleto de concreto armado que sustenta as paredes, conseqüentemente as fundações também tornam-se mais econômicas. Apresentam também, a forma de um paralelepípedo retangular, com dimensões variáveis de acordo com o número de furos. Com seis furos, as dimensões são: 25,0 × × 18,0 × 12,0 cm, peso médio 3 800 g e furos prismáticos normais às faces menores (Fig. 5.17).

Com oito furos as dimensões são: 30,0 × 18,0 × 12,0 cm, peso médio 5 000 g e furos prismáticos normais às faces menores (Fig. 5.18).

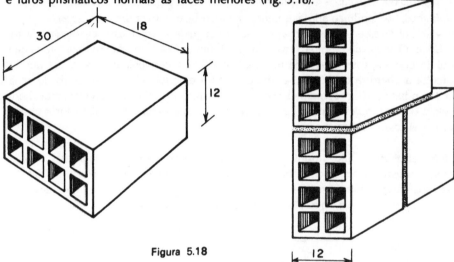

Figura 5.18

Esses dois tipos destinam-se indiferentemente à execução de paredes de meio e de um tijolo, conforme sua posição, resultando espessuras práticas de 15,0 e 21,0 cm, respectivamente. Suas qualidades poderão ser enumeradas conforme vem a seguir.

1) Menor peso que o tijolo comum em volumes iguais, o que permite, como ficou esclarecido, sensível economia no dimensionamento da estrutura.

2) Economia de mão-de-obra. Sendo de tamanho superior ao tijolo comum, a aplicação do tijolo furado permitirá maior rendimento ao trabalho do pedreiro. O trabalho de assentamento de um tijolo furado é ligeiramente maior que o do assentamento de um tijolo comum e a produção é duas ou três vezes maior, conforme o tipo de tijolo furado utilizado.

3) Economia de argamassa. O tijolo furado, de maneira geral, exige menor quantidade de argamassa para assentamento que o tijolo comum.

4) Isolante térmico e acústico.

Como inconvenientes da aplicação do tijolo furado podemos citar os seguintes.

1) Pequena resistência à compressão não devendo ser aplicado em paredes estruturais.

Alvenaria **135**

2) Não possuir juntas verticais argamassadas, tirando a monolicidade do painel.

3) Sendo fabricado por processos mecânicos suas faces externas não apresentam a porosidade necessária para fixação do revestimento, necessitando receber previamente uma demão de chapiscado de argamassa de cimento e areia, 1:4, bastante plástica.

4) Nos vãos de portas e janelas são necessários tijolos comuns para remate.

5) São necessários tijolos comuns para eventuais cunhamentos nas faces inferiores de vigas e lajes.

6) Os rasgos para embutir os encanamentos de água, eletricidade e tacos são grandes devido à fragilidade desse tipo de tijolo.

Tijolo baiano — Chamamos de tijolo baiano ao que é parecido com o tijolo furado, só que, os furos neste são redondos e as espessuras de massa entre furos são maiores que 1cm, aproximadamente; são mais resistentes à compressão que os furados. O processo de assentamento é idêntico ao do furado.

BLOCOS VAZADOS DE CONCRETO SIMPLES

O melhor conhecimento de certos materiais, o aperfeiçoamento da fabricação e de métodos de cálculo, bem como as condições econômicas diversas e as exigências de conforto e beleza produzem uma natural evolução dos processos construtivos. E hoje, com o natural desenvolvimento desses processos, passa-se à alvenaria de blocos de concreto pré-moldados que, empregados em paredes com função estrutural ou, mesmo como paredes de vedação em edifícios com estruturas de concreto armado, suplantam a alvenaria de tijolos que, por falta de matéria-prima, estão se tornando cada vez mais escassos.

O progresso das construções de concreto armado e o conseqüente desenvolvimento do emprego dos blocos de concreto pré-moldados, derivam inteiramente da perfeição atingida pela moderna indústria de cimento, do aprofundado estudo dos componentes do concreto, do rigor alcançado pelos métodos de cálculo e do desenvolvimento da técnica de fabricação e de assentamento.

Na Europa, particularmente na França, Grã-Bretanha e Alemanha, o uso de alvenaria de blocos de concreto estendeu-se rapidamente. Foi, porém, nos EUA que esse moderno processo construtivo atingiu maior desenvolvimento e perfeição. Conforme dados e estudos sobre o assunto, a confecção de blocos, dos mais variados tipos e dimensões, cresce firmemente de ano para ano nos EUA, atingindo índices de produção cada vez mais elevados. Já em 1963, o cimento consumido na confecção de blocos representava 7,4% do consumo total de cimento nos EUA e a partir daí esse percentual vem crescendo sensivelmente.

Nas grandes cidades os códigos de obras admitem, sem restrições, as alvenarias de blocos, desde que eles apresentem bons índices de qualidade. Os códigos de obras do Distrito Federal, de São Paulo, do Rio de Janeiro e de outras cidades brasileiras, embora exigindo a apresentação de cálculos justificativos da espessura das paredes de blocos com função estrutural, permitem seu emprego. O atual mercado nacional, embora de proporções relativamente reduzidas, vem progredindo surpreendentemente, conforme se verifica pelas numerosas construções feitas com emprego de blocos de concreto.

136 O EDIFÍCIO ATÉ SUA COBERTURA

Tipos e dimensões — A Especificação Brasileira, EB-50, da ABNT estabelece para os blocos vazados, de concreto simples, sem função estrutural, as características enumeradas a seguir.

1) São considerados blocos normais, com forma de paralelepípedo retangular, com as dimensões nominais fixadas na Tab. 5.1 e vazados no sentido da altura.

Tabela 5.1

Designação	Dimensões em centímetros		
	Largura	Altura	Comprimento
Bloco de 20	20	20	40
Bloco de 15	15	20	40
Meio-bloco de 20	20	20	20
Meio-bloco de 15	15	20	20
Lajota	10	20	40
Meia-lajota	10	20	20

Tabela 5.2

Designação	Dimensões em centímetros		
	Largura	Altura	Comprimento
Bloco de 20	18	19	39
Bloco de 15	14	19	39
Meio-bloco de 20	19	19	19
Meio-bloco de 15	14	19	19
Lajota	9	19	39
Meia-lajota	9	19	19

2) São considerados blocos modulares os blocos em forma de paralelepípedo retangular, com as dimensões nominais fixadas na Tab. 5.2 e vazados no sentido da altura. Entretanto, os fabricantes e máquinas moldadoras chamam atenção para a possibilidade de serem feitos, por uma única máquina, vários tipos de blocos.

Ainda com referência à EB-50, a mesma classifica os blocos em duas categorias, 1) blocos que podem ser empregados sem revestimento e 2) blocos para serem empregados obrigatoriamente, **com reve**stimento.

Os blocos deverão ter arestas, não apresentar trincas, fraturas ou outros defeitos que possam prejudicar o seu assentamento ou afetar a resistência e a durabilidade da construção.

Recebimento — Só devem ser recebidos da fábrica os blocos já completamente curados e secos, que serão depositados cuidadosamente na obra, evitando-se choques, em local protegido da chuva e livres do contato direto com o solo.

Assentamento — Inicia-se a parede assentando-se os blocos de canto, que servirão de guia, tomando-se a precaução de verificar se a distância entre eles é múltipla de um número inteiro de blocos, inclusive as juntas. Caso contrário deverá

Alvenaria **137**

usar tijolo comum para tirar a diferença. Observar o alinhamento das faces e o nivelamento de cada unidade, à medida em que esta vai sendo assentada. Não há dificuldade no assentamento que é simples e rápido, requerendo mão-de-obra mais barata e muito menor consumo de argamassa do que alvenaria de tijolos. Cumpre observar que os pedreiros, quando mudam do tijolo para o bloco, sentem inicialmente uma certa dificuldade, que é, entretanto, superada em poucos dias quando passam a produzir mais do que antes.

Normalmente a argamassa é colocada somente sobre paredes externas dos dos blocos, (quando os casamentos dos blocos, atingem ambas as faces) não atingindo as ligações internas. A fim de evitar perdas e obter maior rapidez e facilidade na operação, usa-se uma placa de madeira recobrindo-se as divisões internas e os furos. Em geral, as paredes são tanto mais fortes e impermeáveis quanto mais finas são as juntas, cuja espessura não deve ultrapassar a 1,0 cm. Na alvenaria de blocos de concreto isso é fácil de se obter, devido a sua grande regularidade e uniformidade.

Vantagens — 1) Os blocos, apesar de furados, têm carga de ruptura à compressão acima de 80 kgf/cm^2. Para se chegar a tal valor a carga total de ruptura foi dividida pela área total do bloco, isto é, sem desconto de áreas vazias.

2) Peso bem menor que o da alvenaria de tijolos comuns, trazendo como conseqüência economia no dimensionamento da estrutura e da fundação.

3) Demandam menor tempo de assentamento e revestimento, economizando mão-de-obra.

4) Menor consumo de argamassa de assentamento.

5) Melhor acabamento e uniformidade dos painéis.

Desvantagens — a) Não permite corte para dividi-lo.

b) Geralmente, nas espaletas e remates de vão, são necessários tijolos comuns.

c) Não permite um perfeito cunhamento nas faces inferiores das vigas e lajes.

d) Estragam-se muito nas aberturas de rasgos para embutimento de canos e conduítes.

e) Nos dias de chuva aparecem, nos painéis de alvenaria (externa), mesmo depois de revestidos, os desenhos dos blocos, isso se dá porque a absorção de umidade nos blocos é diferente da absorção da argamassa de assentamento.

f) Dificuldade de assentamento de tacos de madeira para fixação de batentes e rodapés.

g) São bimanuais.

A Fig. 5.19 apresenta os desenhos e dimensionamentos dos blocos mais comuns existentes no mercado.

Existe atualmente grande variedade de blocos vazados, dependendo da matéria-prima de que é fabricado. Normalmente o bloco comum é construído com areia, pedrisco e cimento. No bloco de sinasita o pedrisco é substituído por grãos pequenos de argila expandida. O bloco sílico-calcário, é um cerâmico que é feito de argila.

CONCRETO CELULAR

Tipo Siporex — Concreto celular autoclavado — é um concreto leve, fabricado a partir de uma mistura de cimento e materiais silicosos. O processo de fabricação permite a formação de um composto químico de elevada porosidade. Esse composto

138 — O EDIFÍCIO ATÉ SUA COBERTURA

químico, o silicato de cálcio, caracteriza-se por sua grande resistência mecânica e estabilidade dimensional. A estrutura do concreto celular muito uniforme, permite que o produto seja bem leve e excelente isolante térmico e acústico.

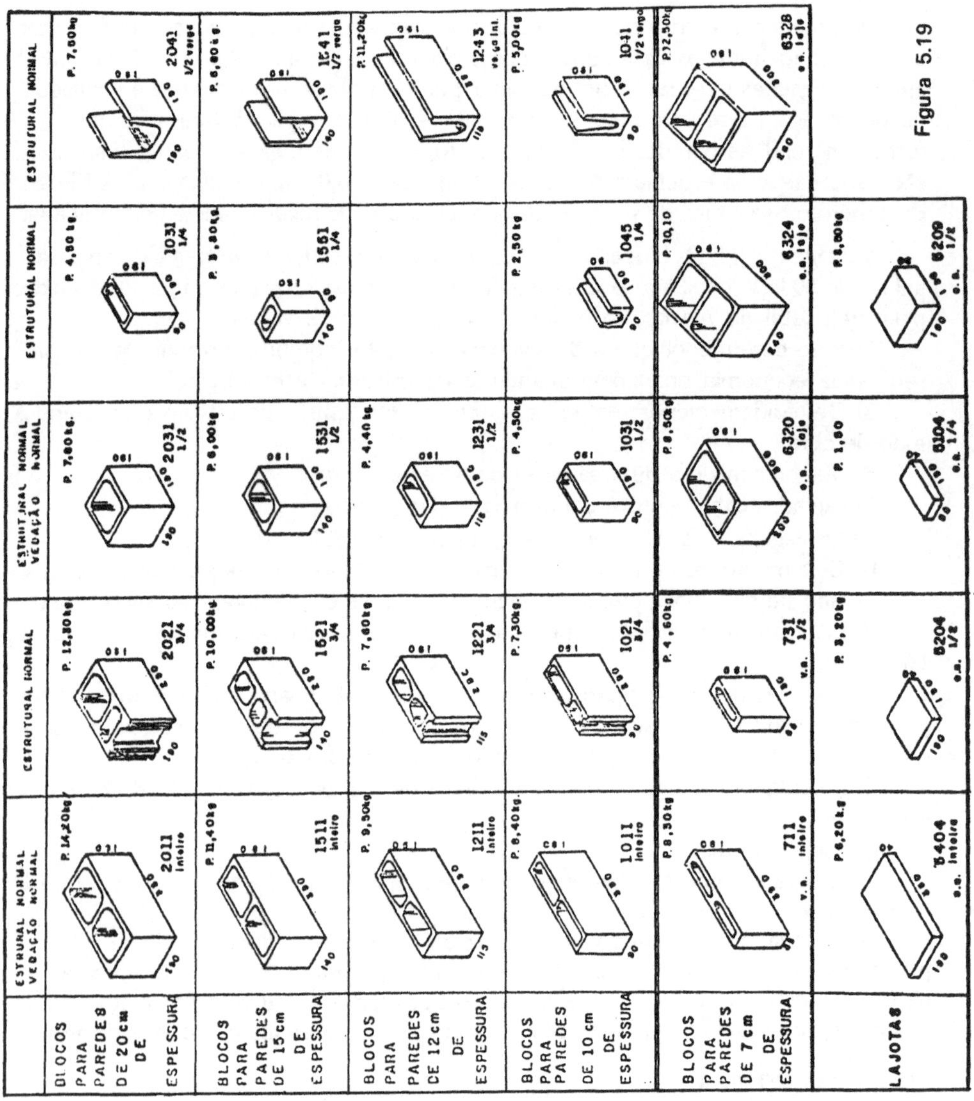

Figura 5.19

Alvenaria **139**

Processo de fabricação — pode ser dividido nas quatro etapas seguintes:

1) mistura do cimento com os materiais silicosos, introdução de produtos químicos destinados a criar a estrutura celular;

2) a massa produzida é despejada em grandes carros-molde que são colocados nas camas de pré-cura a vapor;

3) o produto é cortado nas medidas desejadas em máquinas automáticas;

4) após o corte os carros-molde são introduzidos em grandes autoclaves, onde se realiza a reação química entre a cal livre do cimento e a sílica, formando o silicato de cálcio.

Dados técnicos — O concreto celular é fabricado em diversas densidades nominais que variam entre 300 kg/m^3 e 1 000 kg/m^3; sua resistência à compressão (ruptura) varia de acordo com a densidade entre 5 kgf/cm^2 a 50 kgf/cm^2. É um excelente isolante térmico, da ordem de quatro a oito vezes mais isolante do que o tijolo comum e de oito a dez vezes mais que o concreto; é incombustível e pode ser aplicado como proteção contra o fogo.

Maneabilidade — Devido ao seu baixo peso, pode ser aplicado com grande facilidade. Pode ser serrado, cavado ou rasgado, permitindo grande economia nos serviços de embutimento das instalações elétricas e hidráulicas.

Características e *dimensões* — Blocos tipo 0,45 destinados à aplicação como alvenaria de vedação em estruturas de concreto ou ferro.

BLOCOS TIPO 0,45

Densidade nominal, 450 kg/m^3 – resistência à compressão, 15 kgf/cm^2 – condutibilidade térmica, 0,04 kcal/m h – isolamento acústico médio, 42 dB

Dimensões standard	Peso/m^2	Aplicações usuais
0,06 × 0,40 × 0,40	27 kg	Divisões
0,075 × 0,40 × 0,40	34 kg	Paredes internas
0,10 × 0,40 × 0,40	45 kg	Paredes externas
0,12 × 0,40 × 0,40	54 kg	Paredes externas
0,15 × 0,40 × 0,40	68 kg	Paredes externas

Vantagens técnicas

1) Pode ser utilizado nas paredes externas na espessura de 10 cm e nas paredes internas na espessura de 7,5 cm.

2) É material leve, o que reduz as cargas e, conseqüentemente, os custos das estruturas e das fundações.

3) Devido ao grande tamanho dos blocos, 0,40 × 0,40 m há economia de argamassa de assentamento.

4) A regularidade na espessura do material permite uma sensível redução da argamassa de revestimento.

5) Reduz sensivelmente os custos de aplicação da alvenaria devido ao maior tamanho dos blocos. Normalmente, um pedreiro e um servente aplicam entre 25,00 a 35,00 m^2 de alvenaria em oito horas de serviço.

6) Reduz o custo de aplicação das instalações elétricas e hidráulicas pela facilidade de se rasgarem as paredes.

Técnica de aplicação

1) O empilhamento dos blocos deverá ser sempre em pé e nunca deitado, para evitar que os debaixo, sobrecarregados com o peso dos demais, se quebrem ou se trinquem.

2) Serem molhados no momento de serem aplicados.

3) As paredes levantam-se como se fossem de tijolos comuns, inclusive quanto à amarração e esquinas.

4) Não há necessidade de reforço com ferros, salvo nos casos em que o pé-direito ou a distância entre amarrações sejam superiores a 3 × 6 m (18 m²), em média.

5) Pode-se fixar as esquadrias diretamente nos blocos por meio de grampos, chumbado com cimento e areia. Com relação ao rodapé, procede-se identicamente como nos outros casos, deixando tacos de madeira embutidos.

6) Ferramentas usuais do pedreiro são utilizados para sua aplicação, com o uso de um serrote de carpinteiro com dentes bem grandes e espaçados, para subdividir os blocos, assim como rasgar ou cavar.

7) A argamassa de assentamento é feita com uma parte de cimento por três partes de cal e dez partes de areia média, peneirada. As juntas não deverão ultrapassar a espessura de 1 cm.

8) Cunhagem junto às vigas e lajes. Para dar perfeita estabilidade às paredes, e à semelhança do que se faz ao utilizar tijolos comuns, convém aguardar que a argamassa do assentamento esteja bem seca, e que o painel superior esteja carregado, antes de se proceder a cunhagem. As cunhas devem ser feitas do mesmo material, aproveitando-se sobras ou quebras, serradas em diagonal.

9) Antes de revestir as paredes, deve-se limpá-las bem e, se necessário, umidecer sua superfície.

Desvantagens — Não possui juntas argamassadas verticalmente, devido ao seu tamanho, diminuindo as ligações dos blocos entre si; tem um alto custo.

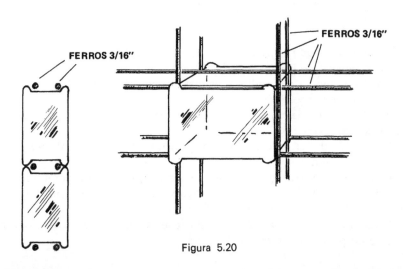

Figura 5.20

Alvenaria

TIJOLO DE VIDRO

O tijolo de vidro, também chamado *bloco de vidro* é comumente aplicado em fechamentos de vãos destinados a fornecer somente luz natural, como também em *hall* de escada ou em paredes de corredores. Suas dimensões são 20 cm × 20 cm e 10 cm de espessura. Sendo de vidro, para que haja aderência da argamassa, a sua superfície de assentamento (espessura) passa pelo jato de areia que proporciona uma superfície adequada para receber cola com areia, que a torna áspera. O assentamento desses elementos é feito com argamassa de cimento e areia na proporção de 1:4, com ferro de 3/16" ou de 1/4". O painel do tijolo de vidro é todo armado, formando uma tela, onde os vazios são os próprios tijolos (veja a Fig. 5.20).

capítulo 6

TELHADO

Num telhado distinguimos três partes, ou seja, 1) a estrutura, 2) a cobertura e 3) a captação de águas pluviais.

A estrutura é o conjunto de elementos que irá suportar a cobertura e parte do sistema de captação de águas pluviais. Aqui deveremos considerar a) a forma, b) o sistema de captação de águas de escoamento e c) o tipo de cobertura empregado, caimentos.

Uma estrutura de telhado poderá ser composta de:

1) tesouras, que podem ser de madeira, metálicas, de concreto e mistas;
2) arcos, que podem ser de madeira, metálicos e de concreto;
3) terças, que podem ser simples, armadas ou treliçadas;
4) caibros;
5) ripas;
6) contraventamentos;
7) mão-francesa.

Iremos aqui especificamente abordar a estrutura de madeira chamada tesoura, que é a comumente empregada nas edificações. As estruturas em arco e metálicas, em geral, serão simplesmente citadas, sem maiores detalhes, por considerarmo-las estruturas especiais.

As tesouras mais comumentes aplicadas são as expostas na Fig. 6.1.

O material empregado na composição de uma tesoura é a peroba-rosa, em vigas de seção padronizada, de $6,0 \times 16,0$ cm ou de $6,0 \times 12,0$ cm.

SAMBLADURAS

No mercado madeireiro, os preços variam com o comprimento da peça. Acima de 8 m de comprimento as peças já não tem preço tabelado, pois são consideradas peças especiais. Em certas circunstâncias necessitamos emendar duas peças para obtermos um comprimento desejado sem entrar na aquisição de peças especiais. Chamaremos de *sambladuras* todas as emendas e ligações feita numa tesoura, de acordo com o tipo de esforço da peça da tesoura, ela poderá ser de compressão, de tração e de flexão; devendo executar a sambladura correspondente.

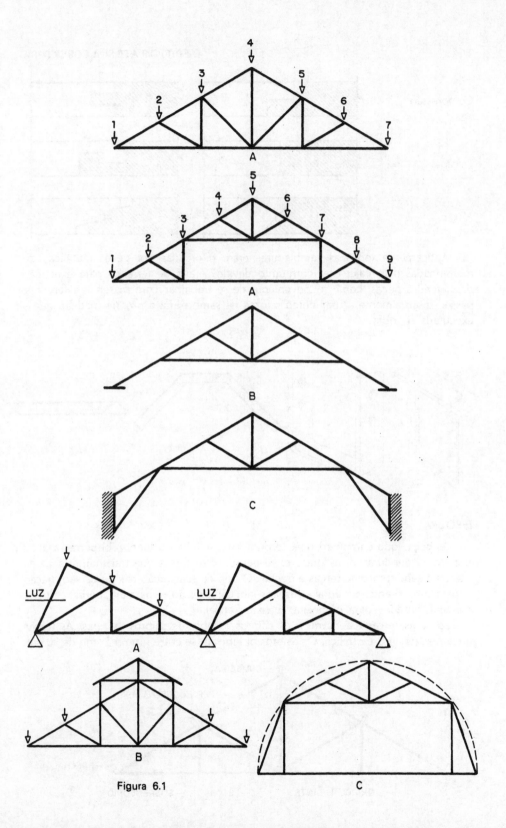

Figura 6.1

Compressão	
Tração	
Flexão	

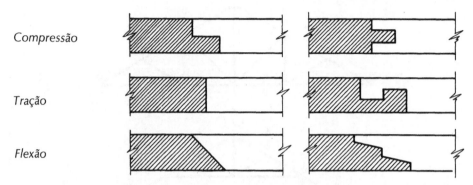

Antigamente todas as sambladuras eram reforçadas por peças metálicas dimensionadas pelo calculista, entretanto devido à falta de ferreiros para execução das referidas peças, como inconveniente de se trabalhar com materiais diferentes, passou-se atualmente a usar como reforço da sambladura a própria madeira que é executada na obra.

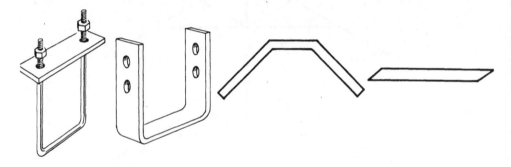

TESOURA

As peças que compõem uma tesoura são: a) linha ou tirante, b) perna, asa ou empena, c) pendural, d) escora e e) suspensório. As peças que transmitem a carga à tesoura são: cumeeira, terças e frechal. O tipo de solicitação nas peças são: *tração* — para linha, tirante, pendural e suspensório; *compressão* — para asa, perna, empena e escora; *flexão* — para cumeeira, terça e frechal.

Sobre as terças assentam-se os caibros e sobre os caibros as ripas. As terças apóiam-se nos nós da treliça. Os caibros distanciam-se entre si no máximo de 50 cm.

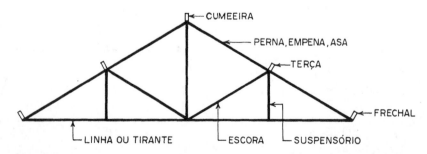

Telhado 145

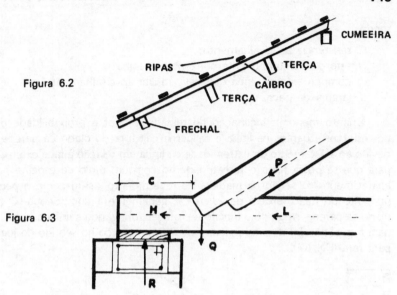

Figura 6.2

Figura 6.3

A distância entre as ripas é função do tamanho da telha empregada, pois a mesma servirá como gabarito. No início a 1.ª ripa será sempre dupla, uma sobre a outra, como se uma ripa substituísse uma telha de superposição, que no caso não existirá por ser o início da cobertura.

DETALHES DAS PRINCIPAIS SAMBLADURAS

LINHA — PERNA — O cuidado que se deve tomar na execução dessa sambladura é fazer com que a resultante Q, dos esforços provenientes da perna e da linha, fique no plano da parede, no máximo faceando a mesma, pois do contrário resultará em binário de rotação composto pela reação da parede R e a componente Q, tendendo a fletir a linha no trecho C (Fig. 6.4).

No dimensionamento das peças é levado em consideração a resistência ao cisalhamento do trecho C pela aplicação da fórmula

$$C = \frac{H}{c \times d},$$

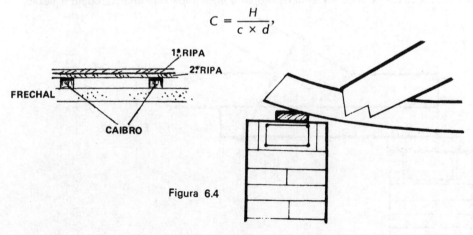

Figura 6.4

sendo

    C, resistência ao cisalhamento;
    H, esforço da componente horizontal na linha;
    c, comprimento da linha que deve resistir ao cisalhamento;
    d, largura da peça.

    Quanto menor a inclinação do telhado, menor a probabilidade do encontro dos esforços atuantes na linha e na perna cair fora do plano da parede. Entretanto devido ao afastamento da extremidade da linha em relação à face externa da parede, para que se possa fazer o remate externo com um tijolo de espelho para evitar o aparecimento da seção da madeira no revestimento, assim como o pequeno comprimento do tijolo (ordem de 23 cm · s), geralmente a componente Q fica fora do plano da parede, surgindo o binário de rotação, obrigando a linha a trabalhar à flexão, para a qual não foi dimensionada, provocando esforço no sentido de jogar a parede para fora (Fig. 6.4).

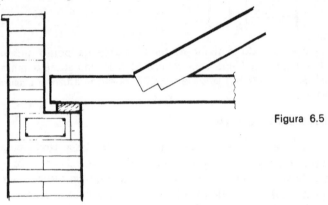

Figura 6.5

    Esse inconveniente é muito mais acentuado quando se constrói beirais de platibanda ou corta-fogo, onde é obrigado a se erguer parede de meio-tijolo. A solução para esses casos poderia ser a) dimensionar a linha para trabalhar também à flexão,

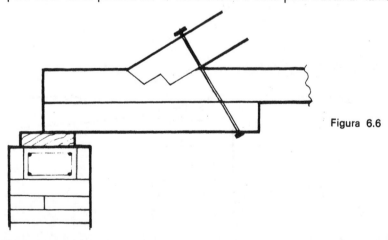

Figura 6.6

Telhado

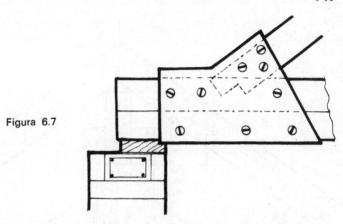

Figura 6.7

o que seria uma solução não muito econômica, ou b) suplementar no trecho onde haverá a flexão, colocando-se um suplemento de viga embaixo da linha, de comprimento suficiente para ser ancorado pela braçadeira de metal ou placa encavilhada de madeira. Essa peça suplementar chama-se "cachorro". Não se aplica esse suplemento ou reforço lateralmente por economia, pois lateralmente necessitaríamos de duas peças, enquanto na face inferior uma única é o suficiente, como o demonstra o momento de inércia da seção $W = bh^3/12$, onde b é a largura e h a altura, e a altura aparece elevada ao cubo e a largura na primeira potência.

PERNA — PENDURAL — Sambladura muito discutida, criando controvérsia entre autores, quanto à sua execução. Seguindo o raciocínio anterior, deveremos dimensionar a distância c que irá resistir ao cisalhamento pelo esforço da perna. A distância c não poderá ser aumentada indiscriminadamente, pois é fixada pelo coroamento da terça e cumeeira que são apoios dos caibros que deverão ser uma linha reta. O entalhe na parte superior do pendural para o encaixe da cumeeira também é fixo sendo metade da altura da peça. Na Fig. 6.8 estão representadas as duas sambladuras, a da esquerda é a mais indicada, a da direita, se bem que muito empregada, não é a mais indicada.

PENDURAL — LINHA — Nessa sambladura devemos ter o cuidado de não transmitir nenhum esforço à linha, tanto pelo pendural como pelas escoras.

No período da seca a carga do telhado é mínima. No período das chuvas, as telhas, absorvendo água, tornam a cobertura mais pesada, tendendo a achatar-se, transferindo carga da escora ao pendural, que por sua vez a transfere à linha, obrigando a mesma a trabalhar à flexão.

Para evitar que isso aconteça deixamos um pequeno espaço de 2,0 cm entre o pendural e a linha, assim como na braçadeira de ferro que mantém as peças no mesmo plano (Figs. 6.9 e 6.10). Se em vez de braçadeira usarmos talas de madeira, devemos ter o mesmo cuidado. A sambladura das escoras no pendural deverá ser executada da mesma maneira que foi exposta anteriormente quanto à distância que irá resistir ao cisalhamento. Quanto à linha, por ser a maior peça que compõe a treliça da tesoura, necessita muitas vezes ser emendada e a maneira mais simples e econômica de fazê-la é a de topo reforçado com lâmina de ferro ou com talas de madeira pregadas lateralmente (Figs. 6.11 e 6.12).

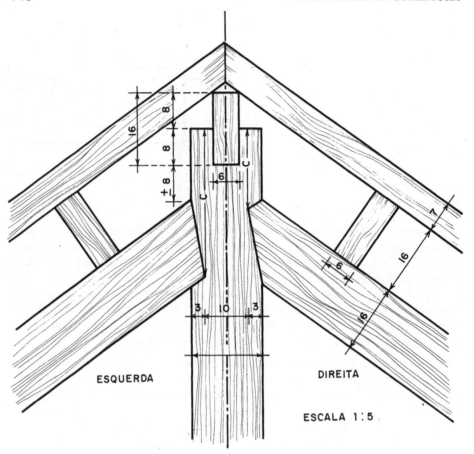

Figura 6.8 Detalhe do pendural — perna

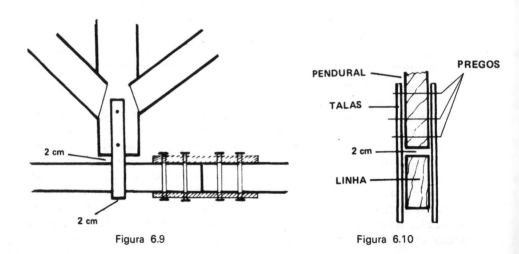

Figura 6.9

Figura 6.10

Telhado

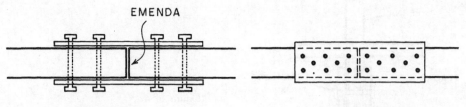

Figura 6.11   Figura 6.12

PERNA — ESCORA — SUSPENSÓRIO — Primeiramente esclarecemos que o suspensório é um pendural secundário formado por duas tábuas do mesmo material da tesoura, proveniente geralmente do desdobramento de uma viga comum de 6,0 × × 12,0 cm ou 6,0 × 16,0 cm surgindo conseqüentemente peças de 2,5 × 12,0 cm ou 2,5 × 16,0 cm. Essas tábuas (talas) de 2,5 × 12,0 cm ou 2,5 × 16,0 cm são fixadas na perna e linhas lateralmente ao plano da tesoura. Os cuidados a serem tomados nessa sambladura são:

1) a escora deverá ficar embaixo da terça;
2) a terça não deverá apoiar-se no suspensório mas sim no "chapus";
3) o "suspensório" deverá ultrapassar a face superior da perna e a face inferior da linha.

TERÇAS — As terças se apóiam na perna da tesoura que estão separadas entre si em média de 3 m, isso de acordo com o cálculo de dimensionamento, entretanto a experiência tem demonstrado que o espaçamento é da ordem de 2,50 m.

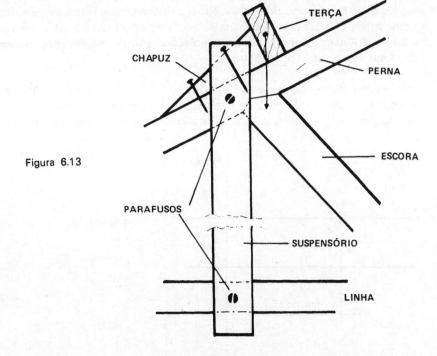

Figura 6.13

O EDIFÍCIO ATÉ SUA COBERTURA

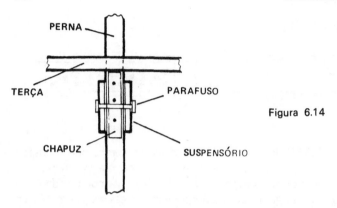

Figura 6.14

No comércio de madeira é comum encontrarmos vigas de comprimento de 6 m, entretanto quando empregada como terça, ela é serrada e emendada com o objetivo de transformar uma viga contínua em viga com articulação. As emendas são sempre

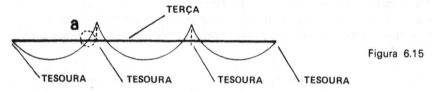

Figura 6.15

feitas onde o momento é nulo, aproximadamente 1/4 do vão. É muito comum ver emendas das terças em cima da perna da tesoura o que não é recomendado. O motivo de se fazer a referida emenda é tirar a ondulação do plano de água (Fig. 6.15). Como a terça trabalha à flexão, a sambladura (emenda) deverá ser a das Figs. 6.16 e 6.17-6.18. Quanto à inclinação da sambladura, esta deverá ser sempre no sentido do diagrama dos momentos fletores.

MÃO-FRANCESA — São peças de vigas de 6,0 × 12,0 cm ou 6,0 × 16,0 cm semelhantes às escoras; apóiam-se no pendural e na cumeeira, às vezes, no pendural e no espigão, está no plano da cumeeira perpendicular ao plano da tesoura.

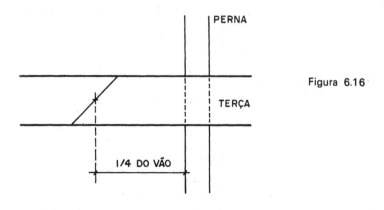

Figura 6.16

Telhado

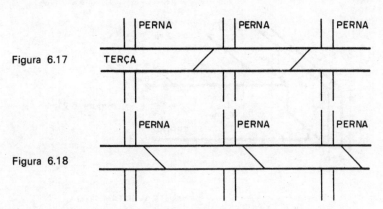

Figura 6.17

Figura 6.18

CONTRAVENTAMENTO — São peças de caibros que têm por finalidade manter a tesoura no plano vertical, tirando a possibilidade de qualquer inclinação da mesma proveniente do próprio movimento do telhado.

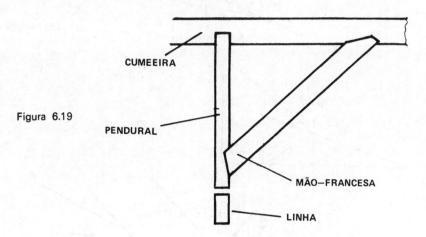

Figura 6.19

TERÇAS — ESPIGÃO — O espigão nasce na cumeeira e morre na parede. A sambladura da terça e o espigão deve ser tal que haja um rebaixo entre a face superior do espigão e a face superior da terça, em espaço de 7,0 cm, que é a altura do caibro, de maneira que a face superior da ripa esteja no mesmo plano das águas que formam o espigão.

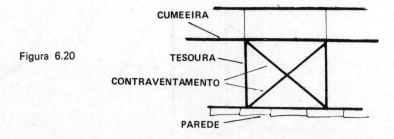

Figura 6.20

152   O EDIFÍCIO ATÉ SUA COBERTURA

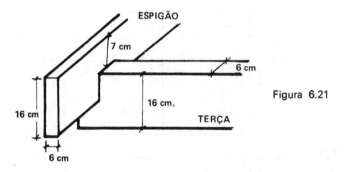

Figura 6.21

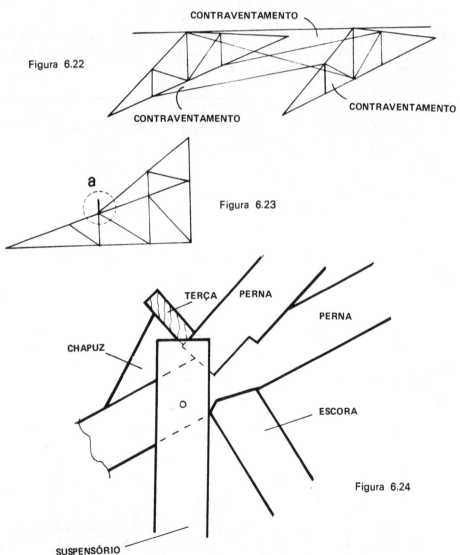

Figura 6.22

Figura 6.23

Figura 6.24

Telhado

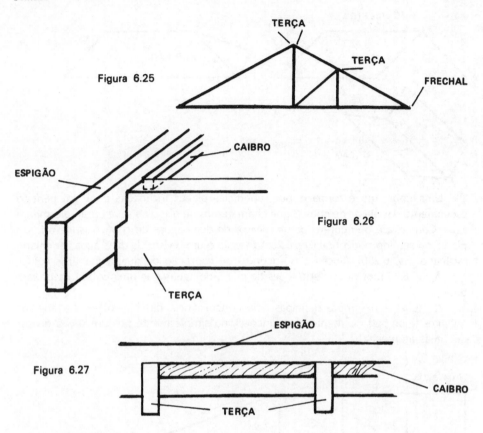

Figura 6.25

Figura 6.26

Figura 6.27

TELHADO COLONIAL COM QUEBRA EM RABO-DE-PATO — O cuidado nesse telhado é fazer primeiramente a tesoura de caimento mais suave e em seguida complementar com uma segunda perna com caimento mais forte, tendo o pendural seqüência para apoio da cumeeira e da segunda perna, fig. 6.23. A sambladura do encontro das duas pernas deverá cair no centro da escora, fig. 6.24.

Nas estruturas de suporte das telhas de fibra e cimento, onduladas, é suprimida a cumeeira e colocadas duas terças, uma de cada lado do plano de água para se ter melhor fixação das telhas e das telhas de cumeeiras, assim como não se colocam caibros e ripas. Entretanto, no espigão com a terça, é necessário pregar um caibro nos intervalos das terças, no plano da face superior, para servir de apoio às telhas cortadas. (Figs. 6.26 e 6.27).

COBERTURA

A cobertura de um edifício tem por finalidade principal abrigá-lo contra as intempéries, e deve possuir propriedades isolantes. Uma cobertura deverá ser impermeável, resistente, inalterável quanto à forma e ao peso, leve, de secagem rápida, de fácil colocação, de longa duração, de custo econômico, de fácil manutenção, deverá prestar-se às dilatações e contrações, e ter bom escoamento.

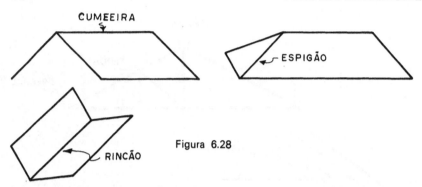

Figura 6.28

Uma cobertura é formada por superfícies planas inclinadas para um perfeito escoamento das águas de chuvas que chamaremos de *plano de água* ou simplesmente *água*. Cumeeira é o encontro de um divisor de duas águas de cota mais elevada do plano, no sentido horizontal (Fig. 6.28a). *Espigão* é um divisor de duas águas em plano inclinado (Fig. 6.28b). *Rincão* é o encontro de captação de duas águas (Fig. 6.28c).

A Fig. 6.29 mostra as disposições de plano de águas que uma cobertura poderá ter.

As águas são sempre definidas pela concordância das bissetrizes dos ângulos salientes (espigões) ou reentrantes (rincões), ou simplesmente por um único divisor de águas (cumeeira).

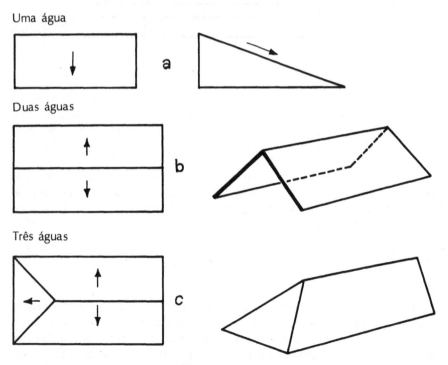

Figura 6.29

Telhado 155

Quatro águas

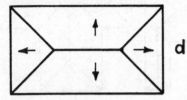
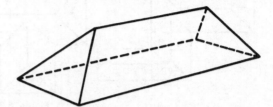

d

Diversas águas

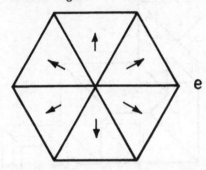

e

O projeto de uma cobertura, por mais complexa que seja a planta, seguirá sempre as seguintes regras:
1.ª) da subdivisão em figuras mais simples.
    a) dividir a planta em retângulos quadriláteros ou triângulos;
    b) traçar as bissetrizes dos ângulos reentrantes e salientes;
    c) procurar as concordâncias (cumeeira);
    d) as águas terão sempre o mesmo caimento ou inclinação.
A Fig. 6.30 mostra a seqüência dessas operações.

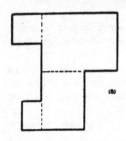
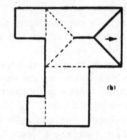
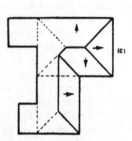
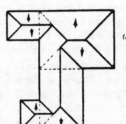
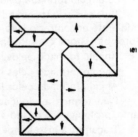

Figura 6.30

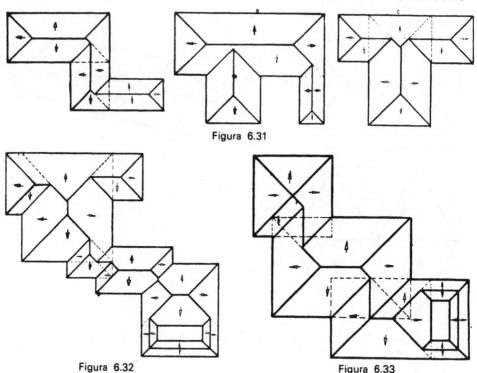

Figura 6.31

Figura 6.32   Figura 6.33

2.ª) das bissetrizes.
   a) numerar todos os lados da planta em ordem crescente;
   b) traçar todas as bissetrizes dos ângulos;
   c) as bissetrizes dos ângulos de 90° e menores serão cumeeiras ou espigões, os maiores que 90° rincão ou água furtada;
   d) numerar as bissetrizes de acordo com os lados que formam o ângulo. Quando temos dois lados paralelos, a bissetriz será a reta eqüidistante dessas duas retas paralelas. Ex.: bissetriz 2-6 e 3-5 da fig. 6.34B;
   e) segue-se sempre a ordem numérica das bissetrizes, tendo o cuidado de ter-se sempre a seqüência das combinações numéricas dos lados que definem as bissetrizes, mesmo que seja necessário fazer o prolongamento dos lados para obter os ângulos e traçar sua respectiva bissetriz.

Damos em Ex. na fig. 6.34A do ângulo formado pelos lados 1 e 2 traça-se a bissetriz 1-2, do ângulo formado pelos lados 2 e 3 traça-se a bissetriz 2-3.

Precisamos encontrar a combinação seqüencial 1-3 ou 3-1. Para tanto prolongamos o lado 3 até encontrar o lado 1, traçamos a bissetriz do ângulo formado pelos lados 1 e 3 e obtemos 1-3 que é a seqüência procurada.

Ângulo formado pelos lados 3 e 4, traça-se a bissetriz 3-4.
Ângulo formado pelos lados 4 e 5, traça-se a bissetriz 4-5.
Ângulo formado pelos lados 5 e 1, traça-se a bissetriz 5-1.

Para termos a seqüência numérica, precisamos achar a bissetriz 4-1 ou 1-4; para tanto, prolongamos o lado 4 até encontrar o lado 1.

Traçamos a bissetriz deste ângulo; ao encontrar a bissetriz 3-1, damos a continuidade 4-1 ou 1-4 da seqüência desejada.

Telhado

Resumindo:
Temos as bissetrizes 1-2, 2-3, 3-4, 4-5, 5-1, e construimos as bissetrizes 1-3 e 1-4, sendo que a bissetriz 3-4 é a única água furtada do projeto, as restantes são espigões.
Outro exemplo é a da fig. 6.34B.

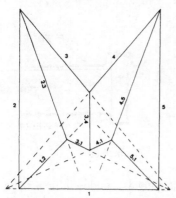

Figura 6.34-a

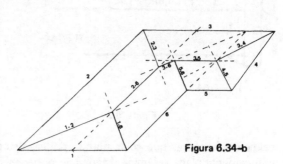

Figura 6.34-b

A cobertura, de acordo com o material empregado, poderá ser dos tipos a seguir.

TELHAS DE BARRO COZIDO — 1) marselha ou francesa, 2) colonial, 3) paulista, 4) paulistinha, 5) Plan.

TELHAS DE FIBRO-CIMENTO — 1) placas onduladas, 2) Kalheta ou canalete, 3) meia--cana ou meio-cano.

TELHAS METÁLICAS — 1) alumínio — tipo marselha e tipo ondulada, 2) cobre — placas lisas, 3) ferro — chapas dobradas, 4) zinco — placas onduladas.

MADEIRA.

PLÁSTICO OU PVC.

VIDRO — 1) tipo marselha, 2) tipo paulista.

PEDRA NATURAL — ardósia.

TELHA MARSELHA OU FRANCESA — Podemos considerá-la como telha plana devido ao seu formato (Fig. 6.35). Tem dimensões de 0,25 m de largura por 0,45 m de comprimento, resultando uma área de 0,1125 m^2, necessitando, portanto, de dez peças para cobrir 1 m^2. É a cobertura mais popular e mais empregada devido ao seu custo e à sua padronização uniforme, não havendo muito desbitolamento nas suas dimensões. O caimento mínimo recomendado é de 40% e o máximo não existe, desde que se empregue telhas furadas para amarração, não se deve usar

Figura 6.35

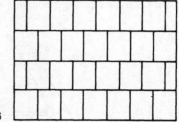

Figura 6.36

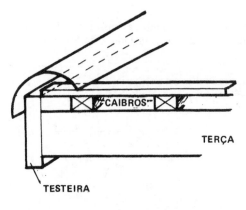
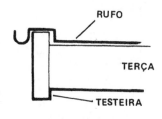

Figura 6.37   Figura 6.38

caimentos menores que 40%, porque poderão surgir goteiras; sendo ela uma telha praticamente plana, a lâmina d'água não poderá ser muito espessa pois transbordará dos canais de pequena profundidade, correndo através das juntas verticais provocando goteiras.

Uma característica da telha marselha é que as juntas verticais são desencontradas (Fig. 6.36), necessitando-se cortá-las nas extremidades, exigindo um acabamento mais sofisticado, o qual poderá ser feito colocando-se uma tábua testeira nas extremidades das terças e recobrir parte dela com uma telha paulista (capa), (Fig. 6.37), ou com um rufo passando por cima da testeira, indo por baixo das telhas, fixando-se nas ripas (Fig. 6.38). A sua colocação é feita de baixo para cima e da esquerda para a direita, não necessitando maiores cuidados por causa de seus encaixes que determinam sua posição definitiva, seu apoio direito às ripas. Devido ao fato, citado anteriormente, de que a lâmina d'água deverá ser de pouca espessura e de relativa velocidade de escoamento, o que motiva o seu caimento talvez exagerado, é necessária, no beiral, a colocação de calhas, para evitar que o vento lance a água, na sua queda, de encontro com a parede ou no próprio forro do beiral. A travessia do ventilador do esgoto geralmente é um ponto crítico para goteiras, pela dificuldade de se furar uma telha; assim, para sanar essa dificuldade, substituímos simplesmente uma telha de barro por uma placa de flandes de mesma dimensão que a telha (Fig. 6.39).

Os remates dos divisores d'água, ou seja, espigões e cumeeiras são feitos através de telhas de barro especiais, chamados de *telha de cumeeira* ou, simplesmente, *cumeeira*. Sua colocação é sempre feita com argamassa mista de cimento e areia, procurando, sempre que possível, fazer o encaixe no sentido contrário ao predominante dos ventos (Figs. 6.40 e 6.41).

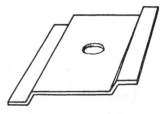

Figura 6.3

Telhado

Figura 6.40

VENTO PREDOMINANTE

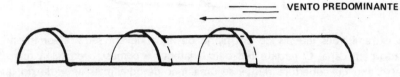

Figura 6.41

TELHA DE BARRO COZIDO TIPO COLONIAL (Fig. 6.42) — Comprimento, 53 cm; largura maior, 23 cm; largura menor, 16 cm; caimento usual, 35%.

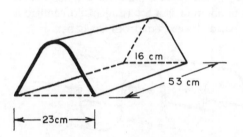

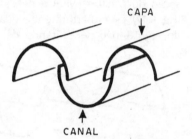

Figura 6.42   Figura 6.43

A telha colonial foi uma das primeiras telhas a ser aplicada em coberturas no Brasil, sua fabricação é pelo processo artesanal, isto é, produzido peça por peça como o tijolo caipira. Essa cobertura é composta de duas peças chamadas capa e canal. Canal é por onde correm as águas, e a capa é a peça de remate entre dois canais. Nesse tipo de telha, não há diferença entre capa e canal, podendo-se usar indistintamente um canal como capa e vice-versa(Fig. 6.43). O seu suporte direto são as ripas. Hoje devido à industrialização desse material é muito difícil encontrar essas telhas no mercado, a não ser de demolições de prédios antigos. A sua curvatura é de forma elíptica diferenciando da paulista que é circular (Fig. 6.44).

TELHA PAULISTA — Comprimento, 48,0 cm, largura maior, 19,0 cm (Figs. 6.45 e 6.46) largura menor, 15,5 cm, caimento usual, 35%.

Sua seção é circular e vai afunilando em direção a uma das extremidades, como a colonial é composta de duas peças: capa e canal. Nesse tipo de telha existe diferença entre a capa e o canal proveniente de ressaltos e reentrâncias para delimitar as superposições das peças.

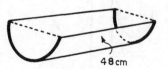

Figura 6.44   Figura 6.45

Figura 6.46

As extremidades laterais de um plano de água deverá sempre ser iniciado e terminado com capa. O remate dos beirais laterais é o mesmo da telha marselha.

Nesse tipo de cobertura requer-se uma mão-de-obra mais apurada do que a telha marselha, devido as suas juntas longitudinais serem paralelas, necessitando portanto de um perfeito alinhamento das capas e canais, que geralmente são feitos por meio de réguas ou linhas. A boa técnica recomenda que os canais sejam espaçados o quanto for possível, dentro do limite das capas, para evitar estrangulamento da seção do canal e evitar a necessidade de emboçamento, muito usado nos beirais (Fig. 6.47). Essa abertura entre duas capas também facilita a passagem do ventilador do esgoto, não necessitando de quebrar parte das extremidades do canal.

Figura 6.47

Um defeito ou inconveniente dessa cobertura é o deslizamento das capas sobre a ação do vento, trazendo como conseqüências goteiras no meio do plano de água ou aspecto desagradável no beiral devido ao desalinhamento. Para evitar esse inconveniente é que aconselhamos um caimento da ordem de 35%, prejudicando talvez o aspecto arquitetônico do edifício. Nas superposições de duas capas, sempre fica uma fresta, que pela ação do vento trepida e desloca a capa fazendo-a deslizar. A outra maneira de evitar esse deslizamento é usando um caimento menor e emboçar uma fiada de telha a cada três fiadas. No beiral emboçar as três primeiras fiadas,

Figura 6.48

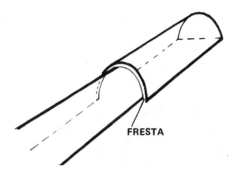

Figura 6.49

Telhado 161

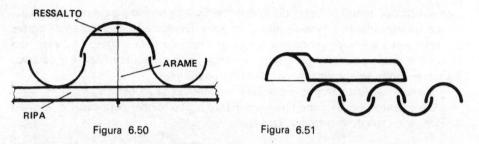

Figura 6.50   Figura 6.51

ou então usar telhas furadas para serem amarradas na ripa. O furo é feito no ressalto do interior da capa, e na própria olaria antes do cozimento da telha; os próprios fabricantes se encarregam disso, desde que seja encomendado pelo engenheiro.

Outro detalhe de execução, é o remate da telha de cumeeira na própria cumeeira e nos espigões, onde com a superposição da telha de cumeeira sobre a capa, deixa um orifício relativamente grande. Para obstruí-lo, necessitamos de pequenas calhas de telhas na forma trapezoidal (Fig. 6.52) que irá se fixar com inclinação descendente, onde a parte mais alta fica junto à cumeeira e a parte mais baixa junto ao canal (veja a Fig. 6.52), preso com o emboçamento da cumeeira. Nesse tipo de cobertura costuma-se suprimir a colocação de calha, principalmente nos edifícios térreos onde a queda de água do telhado é relativamente pequena, da ordem de 3 m, isso devido à lâmina d'água nos canais serem mais espessas, formando uma semiparábola na sua queda, evitando que o vento a jogue contra a parede externa ou mesmo no forro do beiral. Nesse tipo de cobertura são necessários doze canais e doze copas por metro quadrado de cobertura.

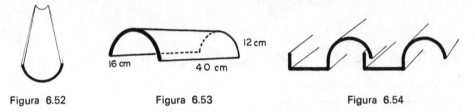

Figura 6.52   Figura 6.53   Figura 6.54

TELHA PAULISTINHA — É a mesma telha paulista, porém suas dimensões são menores (veja a Fig. 6.53), aumentando conseqüentemente o número de peças por metro quadrado de superfície, isto é, 18 canais e 18 capas. Nesse tipo de cobertura emprega-se um caimento menor, da ordem de 30%. Os cuidados e técnicas de colocação são os mesmos abordados na telha paulista.

TELHA TIPO PLAN (Fig. 6.54) — Esse tipo de telha é constituído de canal e capa em uma única peça, sendo que o canal é mais amplo e de seção retangular, dando como conseqüência uma vazão maior, podendo, portanto, usar um caimento menor da ordem de 25%. É fato que quanto menor o caimento melhor aparência tem a fachada, entretanto é bom lembrar que apesar de trazer melhor aparência, traz também inconvenientes como a colocação do reservatório de água para distribuição interna, esses reservatórios pré-fabricados de fibro-cimento são padronizados nas suas dimensões, tendo às vezes dificuldade de espaço no forro para sua colocação, devido principalmente à falta de altura no forro. Devido às dificuldades nos cortes da telha, assim como em encontrar peças no mercado para substituição, esse tipo de telha é muito pouco empregado, em comparação com a marselha e a paulista. Suas dimensões se aproximam das da telha paulistinha.

São usadas quatorze peças por metro quadrado de cobertura.

Existe outro tipo de cobertura semelhante à paulistinha, cujo canal é igual ao da Plan e a capa tem pequena curvatura (Fig. 6.55).

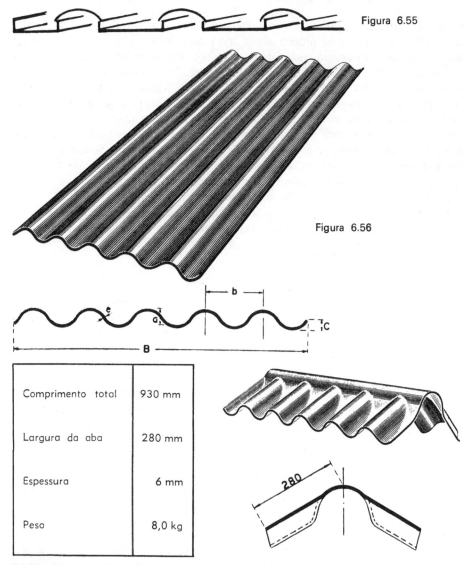

Figura 6.55

Figura 6.56

Comprimento total	930 mm
Largura da aba	280 mm
Espessura	6 mm
Peso	8,0 kg

Figura 6.57 Cumeeira universal. Utilizada em telhados de qualquer inclinação entre $\alpha = 10$ a 30 graus

Telhado

Comprimento total	930 mm
Largura da aba	280 mm
Espessura	6 mm
Peso	8,1 kg

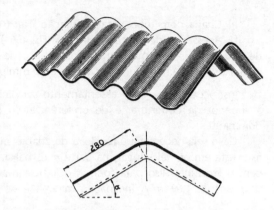

Figura 6.58 Cumeeira normal. Utilizada em telhados de qualquer inclinação entre $\alpha = 10$ a 30 graus

Comprimento total	990 mm
Espessura	6 mm
Largura da aba	280 mm
Peso total das 2 peças	11,0 kg

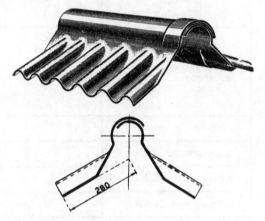

Figura 6.59 Cumeeira articulada. Utilizada em telhados de inclinações de $\alpha = 10$ a 30 graus

TELHAS DE FIBRO-CIMENTO DE TIPO ONDULADO — As chapas onduladas são fabricadas na largura de 0,93 m, correspondendo a cinco ondas e meia de grande ondulação. Seu comprimento, de acordo com seu fabricante, varia de 0,915 a 3,050 m. Na Tab. 6.1 figuram os comprimentos mais empregados. A espessura é de 6 mm ou 8 mm, a altura das ondas é de 51 mm e a largura de 177 mm. O peso da chapa de 6 mm é de 13,3 kg/m^2 e da chapa de 8 mm é de 17,7 kg/m^2.

Devido às suas próprias características e a seu material, existem diversas peças complementares, que são expostas a seguir.

a) Cumeeira universal para ser utilizada em coberturas de qualquer inclinação entre 10 a 30 graus. Cumeeira articulada para ser utilizada em coberturas de inclinações de 10 a 30 graus.

b) Espigão universal (Fig. 6.60) para ser utilizado nas concordâncias de duas águas.

c) Água furtada (Fig. 6.61).

d) Chapa de ventilação (Fig. 6.62).

O EDIFÍCIO ATÉ SUA COBERTURA

e) Chapa com tubo para ventilação (Fig. 6.63).

f) Acessórios de fixação: ganchos (Fig. 6.64) — L = 150 mm para recobrimento de 140 mm, L = 210 mm para recobrimento de 200 mm; parafusos — L = 100 mm para fixação das chapas onduladas, L = 110 mm para fixação de espigões e cumeeiras.

Instruções gerais — O assentamento será iniciado da extremidade inferior para a superior da cobertura, e de preferência do lado oposto à direção dos ventos dominantes.

Caso seja necessária uma fileira de chapas menores, para completar a cobertura, fixar esta em primeiro lugar, na parte mais baixa. As chapas serão sempre colocadas com o lado mais liso para fora. A distância máxima recomendável entre as terças deve ser de 1,69 m. A inclinação mínima é de 27% ou **seja** 15 graus.

Tabela 6.1

Dimensão	Referência	Valor nominal mm
Comprimento da chapa	L	915 1.220 1.530 1.830 2.130 2.440 3.050
Largura da chapa	B	930
Espessura da chapa	e	6 8
Altura das ondas	a	51
Largura das ondas	b	177
Peso	e = 6 mm / e = 8 mm	13,3 kg/m² 17,7 kg/m²

Comprimento total	1.850 mm
Comprimento útil	1.800 mm
Largura	280 mm
Altura	100 mm
Espessura	6 mm
Peso por peça	8,3 kg
Peso por metro linear	4,5 kg

Figura 6.60 Espigão universal. Utilizada na concordância de duas águas

Telhado

Comprimento		Largura total mm	Ângulo	Espessura mm	Peso kg
Total mm	Útil mm				
1.000	860	165°	165°	6	5,5
2.000	1.860	165°	165°	6	11,0

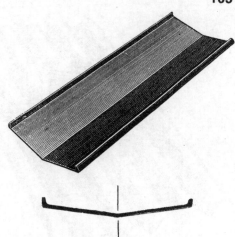

Figura 6.61 Água furtada. Utilizada na concordância de duas águas

Comprimento total mm	Largura total mm	Espessura mm	Largura da abertura mm	Altura da abertura mm	Comprimento da abertura mm	Peso kg
1.220	930	6	455	100	800	16,3
1.830	930	6	455	100	800	23,6
2.440	930	6	455	100	800	30,7

Figura 6.62 Chapa de ventilação. É fabricada para montagem à direita e à esquerda. Nos pedidos esse pormenor deve ser indicado

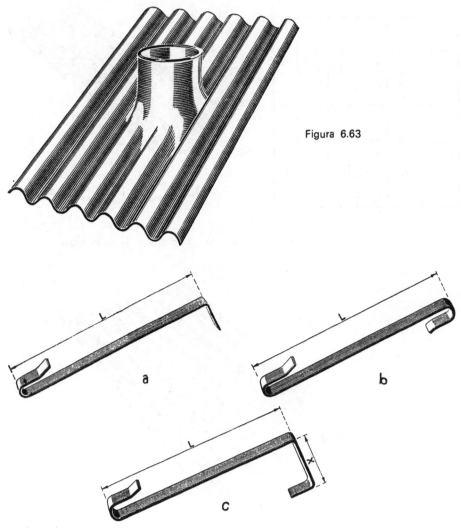

Figura 6.63

Figura 6.64 Ganchos chatos. a) Utilizado na fixação em terças de madeira; b) utilizado na fixação de estruturas metálicas; c) utilizado na fixação em terças de concreto ou metálicas

Figura 6.65 Parafuso. Utilizado na fixação das chapas onduladas e de peças de concordância. É fornecido com arruela de chumbo e é fabricado com diâmetro de 5/16", devidamente protegido contra ferrugem

Telhado

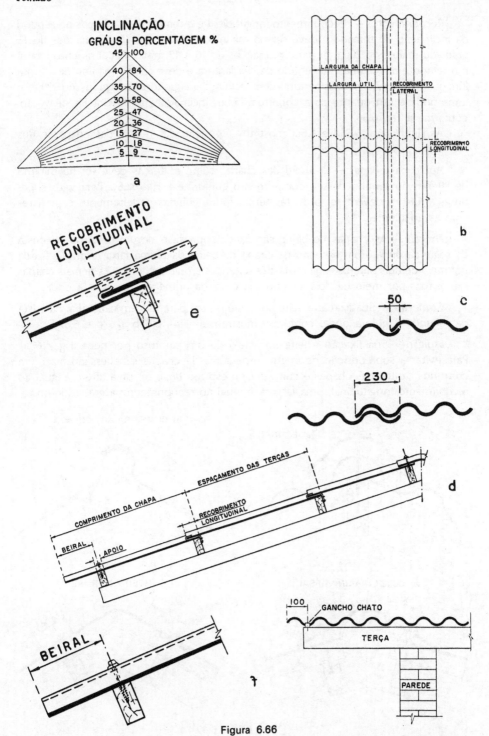

Figura 6.66

Recobrimentos — Recobrimento longitudinal é o remonte das chapas no sentido da inclinação do telhado e deve ser no mínimo de 140 mm para inclinações de 15 graus ou maiores e 200 mm para inclinações de 10 a 15 graus. Recobrimento lateral é o remonte das chapas no sentido de sua largura e deve ser no mínimo de 50 mm (um quarto de onda) para coberturas com inclinações superiores a 10 graus, ou 230 mm (uma onda e um quarto) para coberturas com inclinações desfavoráveis de vento, conforme a Fig. 6.66.

As Figs. 6.66b, 6.66d e 6.66f mostram a posição das terças, das chapas e dos recobrimentos.

Apoio das chapas — O apoio das chapas sobre as terças deve ser no mínimo de 50 mm no sentido de seu comprimento conforme a Fig. 6.66e. Para vãos superiores a 1,69 m devem ser previstas terças intermediárias perfeitamente coplanares com as adjacentes.

Fixação — As chapas de beiral são fixadas por meio de um parafuso na crista da segunda onda, com exceção da chapa de beiral da última faixa, a qual é fixada por meio de dois parafusos na crista das segundas e quintas ondas. As demais chapas são fixadas por meio de dois ganchos na cova da primeira e da quarta onda.

Cumeeira — Sua fixação é feita por meio de um parafuso em cada aba, na crista da segunda e quinta onda, conforme mostram as Figs. 6.67b, 6.67c e 6.67d.

Espigão — Sua fixação é feita por meio de um parafuso por peça (Fig. 6.67a). Para evitar a sobreposição de quatro espessuras de chapas é necessário fazer um corte nos cantos das chapas e cumeeiras, o espigão deve ter uma altura *a* igual ao recobrimento longitudinal, uma largura *b* igual ao recobrimento lateral adotado.

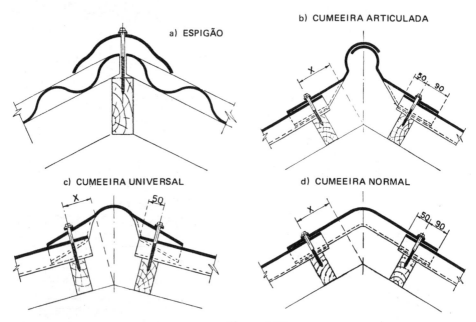

Figura 6.67

Telhado

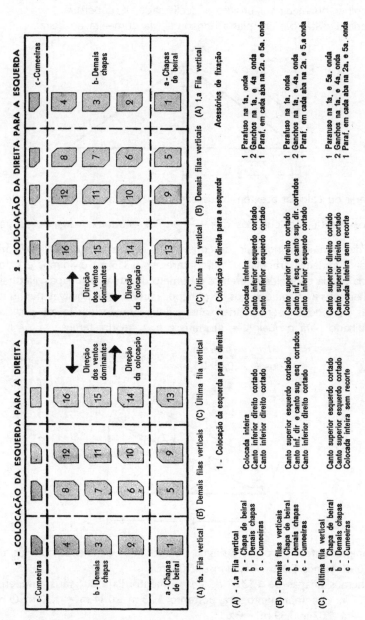

Figura 6.68 Esquema da colocação e cortes dos cantos das chapas e cumeeiras

Seqüência de cálculo de cobertura

1) Escolher ou medir no projeto a declividade da cobertura.
2) Medir a distância, em plano horizontal, da cumeeira ao beiral.

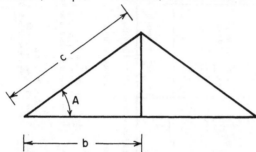

3) Medir ou calcular a extensão de cada água. Determinamos o ângulo A, medimos b na planta e calculamos $c = \dfrac{b}{\cos A}$. Por economia, quando se tratar da aplicação das cumeeiras normais, descontaremos de c a dimensão de 0,30 m, e, se se tratar de cumeeiras articuladas, descontaremos 0,315 m; dividimos e pelo comprimento da chapa escolhida e teremos o número de fiadas de chapas. Naturalmente que escolheremos a chapa que nos dê o menor corte, ou, se possível, nenhum corte. As medidas c e d devem ser tomadas sobre a linha superior das terças, por exemplo, seja um telhado para o qual $A = 30$ graus e $b = 4{,}65$ m, temos

$$c = \frac{b}{\cos A} = \frac{4{,}65 \text{ m}}{0{,}86603} = 5{,}369 \text{ m} = 5{,}37 \text{ m}.$$

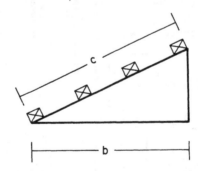

O comprimento c do plano de água, se adotamos cumeeiras normais, descontamos 0,30 m, temos 5,37 m − 0,30 m = 5,07 m.

Escolhemos chapas de 1,53 m de comprimento. Para 30 graus a superposição será de 0,14 m. O comprimento será, portanto, 1,53 m − 0,14 m = 1,39 m. O número de fiadas será 5,07 m/1,39 m = 3,6.

Experimentemos outro comprimento, ou seja, 1,83 m e recobrimento 0,14 m temos 1,83 m − 0,14 m = 1,69 m o número de fiadas será 5,07 m/1,69 m = 3, conclusão, aproveitamento integral.

Para adiarmos a quantidade de chapas que uma fiada deve ter, divide-se o comprimento da cobertura pela largura útil, isto é, 0,88 m.

Telhado 171

Figura 6.69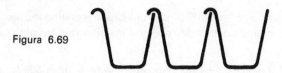

TIPO KALHETA OU CANALETE (Fig. 6.69) — Espessura da chapa, 10 mm; carga, 24 kgf/m^2; comprimento, 2,00 a 7,00 m; distância entre os apoios, 3,60 m; e balanço, até 1,70 m.

Esse tipo de cobertura dispensa a estrutura de sustentação, podendo ser apoiada diretamente na alvenaria estrutural ou na própria estrutura de concreto armado. Podemos considerá-la como cobertura plana, pois seu caimento é mínimo, da ordem de 1%. Esse caimento mínimo é alcançado por ser o canal amplo e profundo, suportando uma lâmina d'água bastante espessa, sem transbordamento. Devido às suas próprias características de grande comprimento, foi introduzida no mercado para vencer, sem necessidade de uma estrutura suporte intermediária, grandes vãos, como em garagens, armazéns, depósitos, etc., evitando conseqüentemente uma diminuição de carga. Devido a esse fato, essa cobertura foi aplicada em residências, trazendo soluções arquitetônicas no que tange a telhado. Entretanto, é bom lembrar que essas soluções implicam, às vezes, em problemas estruturais e hidráulicos, como, colocação de reservatório de água para distribuição, coleta de águas pluviais, ventilador do esgoto, etc. Sua fixação é feita através de parafusos em vigas de madeira (veja a Fig. 6.70).

Figura 6.70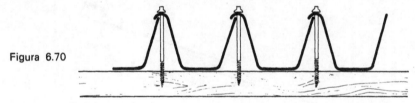

TIPO MEIO-CANO OU MEIA-CANA (Fig. 6.71) — Comprimento, 3,0 e 4,0 m; diâmetros do canal, 100 mm, 175 mm e 250 mm; diâmetros da capa, 100 mm e 125 mm; espessura, 7, 8 e 9 mm; vão livre, 2,00 m a 3,20 m.

Para esse tipo de cobertura pode-se usar caimentos mínimos, da ordem de 15 a 20%, substituindo com certa vantagem as telhas paulistinhas e Plan. Necessita de uma estrutura de suporte, se bem que reduzida. Sua fixação se faz através de parafusos, como nas chapas onduladas, e de Kalhetas.

TELHA DE MADEIRA — É do tipo ondulado como a de fibro-cimento, feita de lâminas muito delgadas de madeira, coladas entre si, formando uma espessura de 5,0 mm, e prensadas, dando a forma desejada. Às vezes tem a face externa revestida por uma película de alumínio. Lógico que essa madeira é tratada para poder resistir as intempéries. Os cuidados e técnicas aplicadas são semelhantes à da chapa

Figura 6.71

de fibro-cimento onduladas. Elas são aplicadas, geralmente, em construções pré-fabricadas, na maioria, feitas de madeira, assim como em alojamentos de canteiro de obras.

TELHA DE PAPELÃO — Tipo ondulado como a de madeira, sendo prensada e tratada para resistir as intempéries; é de menor dimensão e no mercado tem o nome de Vogatex.

TELHAS METÁLICAS — Podemos dividir as telhas metálicas, de acordo com o material de constituição em telhas de a) alumínio, b) cobre, c) ferro, e d) zinco.

As telhas de alumínio poderão ser do tipo ondulado ou marselha. O tipo ondulado substitui a antiga telha de zinco. O tipo marselha é usado em fiadas fixadas em duas ripas de suporte pregadas nos caibros (Fig. 6.72).

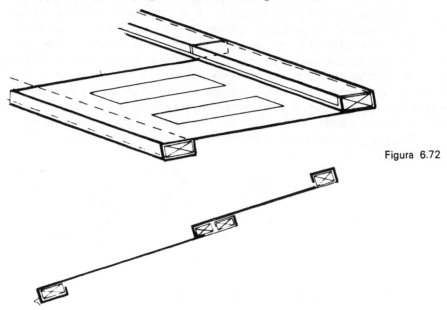

Figura 6.72

As telhas de cobre são aplicadas em pequenas chapas planas, em assoalho de madeira, usualmente aplicadas em cúpulas de templos religiosos, em monumentos, etc. Devido ao seu custo elevado, sua aplicação é limitada.

As telhas de ferro são chapas dobradas nas diversas formas, entretanto é mais usual na forma de Kalheta (Fig. 6.73). São peças de grande comprimento vencendo grandes vãos. Aplicadas geralmente em oficinas, armazéns, etc. As telhas de zinco são do tipo ondulado; eram muito usadas em armazéns, hoje quase não são encontradas no comércio devido ao seu elevado preço, sendo substituídas pelas telhas de fibro-cimento.

Figura 6.73

Telhado **173**

As telhas metálicas tornam a cobertura leve e com caimentos pequenos, devido à perfeita superposição das peças e por não ter porosidade e rugosidade, dando um perfeito escoamento; entretanto, os inconvenientes são: o fato de ser bom condutor de calor, aquecendo o ambiente interno; o fato de condensar o ar provocando goteiras; o barulho das chuvas; o preço elevado, etc.

TELHAS DE PLÁSTICOS OU PVC — São do tipo de placas onduladas, lisas ou em forma de cogumelo (*domus*). São aplicadas quando se deseja iluminação zenital.

TELHAS DE VIDRO — São telhas do tipo marselha ou paulista, de aplicação restrita. Antigamente era usada quando se desejava iluminação zenital através de clara-bóias, hoje é substituída pelos *domus* de PVC.

ROCHAS NATURAIS — São rochas de formação lamelar que cortadas em lâminas de pequena espessura e de formas diversas, são furadas para serem fixadas, através de prego, em soalho de madeira. Esse tipo de cobertura é comum nas construções da Europa, onde a rocha (ardósia) é encontrada com facilidade. No Brasil são pouquíssimas as construções onde ainda existe esse tipo de cobertura. A sua cor é preto--escura, e o seu tamanho aproxima-se, com pequenas variações, do tamanho de um azulejo, isto é, 20,0 × 20,0 cm ou 15,0 × 15,0 cm.

Sistema de captação de águas pluviais — Definimos como sistema de captação de águas pluviais o conjunto de elementos utilizados na coleta e condução de águas da chuva. Podemos dividi-lo em três tipos distintos: a) do telhado, b) do lote, c) da via pública.

Iremos aqui abordar somente a parte correspondente ao do telhado, que se compõe de calhas — beiral (Figs. 6.74 e 6.75), platibanda (Fig. 6.76) —, condutores, águas furtadas ou rincão, rufos, bandeja, curvas e funis.

Os materiais empregados nesse sistema são o cobre, o ferro galvanizado (chapas) e o cimento amianto. O cobre, atualmente, é raramente aplicado devido a seu alto preço. Atualmente é utilizada a chapa de ferro galvanizado, que no mercado tem as seguintes características:

N.º	Espessura em mm	Peso em kg/m^2
28	0,35	3,81
26	0,45	4,01
24	0,55	5,65
22	0,71	6,87
20	0,90	8,08

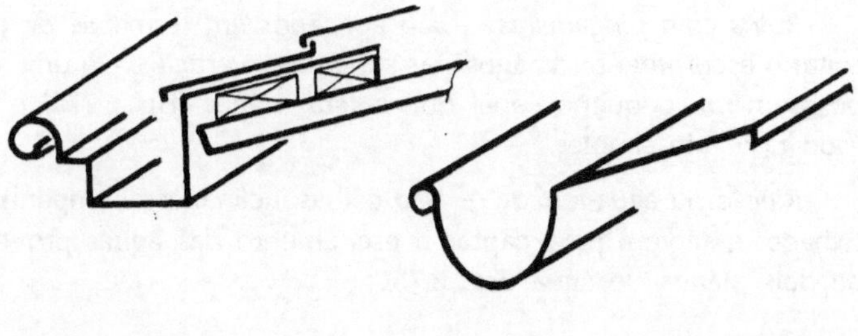

Figura 6.74

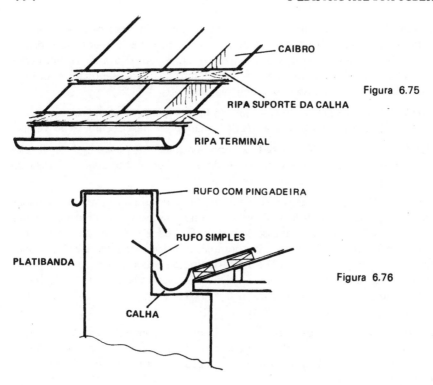

Figura 6.75

Figura 6.76

O cimento amianto, ou simplesmente fibro-cimento, é empregado em coberturas desse mesmo material, especificamente no tipo ondulado.

CALHA DE BEIRAL — É formada por canais e chapas galvanizadas aplicadas na extremidade inferior do plano de água, onde a água é captada e conduzida a outros elementos. Sua declividade é mínima, da o em de 0,5%. Existem vários modelos, os mais usuais são os da Fig. 6.74. Ela possui, além do canal, uma aba mais longa para ser fixada e proteger contra os respingos e evitar o transbordamento do canal no forro, é presa numa ripa próxima da ripa inicial de suporte da telha.

Calha de platibanda — São canais internos à platibanda sem fixação na alvenaria.

Rufos simples — Poderão ser usados na parte interna da platibanda com finalidade de encaminhar a água que corre pela alvenaria da platibanda à calha; são fixados numa das extremidades da alvenaria por meio de prego e rematados com argamassa, a outra extremidade fica solta no interior da calha (Fig. 6.77b).

Rufos com pingadeiras — São aplicados em terminais de paredes, servem para evitar o escorrimento da água nas superfícies verticais. Em uma de suas extremidades possuem um pequeno canal que coleta a água (Fig. 6.77a) e a outra extremidade é do tipo rufo simples.

Rincão ou água-furtada — São calhas inclinadas acompanhando a inclinação do telhado, e servem para captar o escoamento das águas provenientes do encontro de dois planos de água (Fig. 6.78).

Telhado

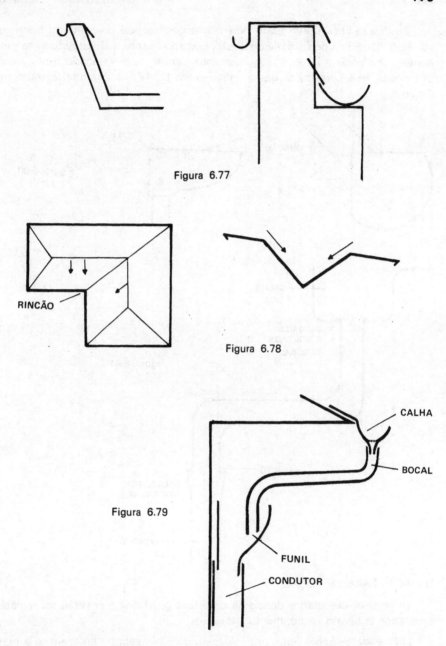

Figura 6.77

Figura 6.78

Figura 6.79

Bocal — É a peça que recebe a água da calha e a encaminha para o funil ou condutor (Figs. 6.79 e 6.81).

Funil — Peça fixada na parede e que é intermediária do bocal e condutor. Tem por finalidade não deixar que a água borbulhe ou afogue (Fig. 6.79).

Bandeja — Peça usada entre dois segmentos (seções) de calha de beiral junto ao rincão. Devido à declividade do rincão, que acompanha a da cobertura, na junção com a calha poderia haver transbordamento, para se evitar isso coloca-se a bandeja que possui área bem maior que a calha, como também sua altura lateral é maior (Fig. 6.80).

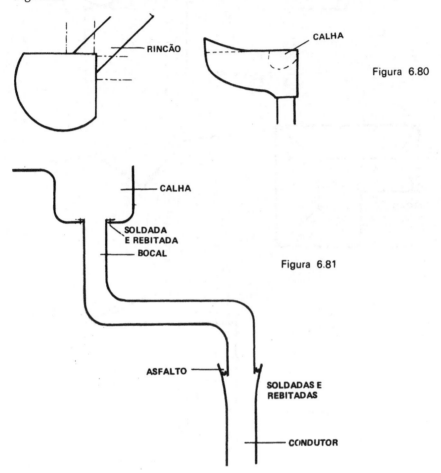

Figura 6.80

Figura 6.81

TÉCNICAS PARA EXECUÇÃO

Devem ser executados depois da cobertura provisória e deverão ser rematados e testados antes do recobrimento definitivo:

a) *Emendas* — Serão feitas por soldagem ou rebitagem ou colagem. A superfície a ser soldada deverá ser previamente limpa e isenta de graxas. Nas calhas e rufos não se permitirão soldas no sentido longitudinal. As telhas de chapa deverão ter colarinho na parte superior para escoamento das águas que correm pelo tubo ventilador. A rebitagem dever ser feita com o mínimo de quatro rebites.

A colagem é feita com superposição de no mínimo 10 cm com pasta-cola própria.

b) *Imunização* (zincada e imunizada externamente com zarcão e pintada internamente com neutrol) — A pintura deve ser feita também nos condutores antes de dobrá-los ou depois, por meio de estopas presas em arames.

c) *Fixação* — As calhas deverão ser colocadas sobre o beiral e as telhas de maneira a evitar vazamentos por retorno de água; para tanto o recobrimento da telha sobre a calha deverá ser adequado ao telhado e ao tipo de telha, exigindo-se, no mínimo, uma superposição de 8 cm.

Pontos críticos

Para se evitar o transbordamento das calhas nos pontos de junção dos rincões com as mesmas, tomar os seguintes cuidados:

1) Usar um funil;
2) Deslocar o bocal para uma distância de 1 m dessa junção;
3) No caso de impossibilidade dos itens anteriores sobrelevar a altura da calha na zona de junção; dentro da calha a água deve percorrer sempre trechos retos entre bocais. Em casos de necessidade de trechos quebrados de calhas entre bocais, ela deve acompanhar as mudanças de direção arredondando-se os ângulos de queda e aumentando-se a seção das calhas nesses pontos.

TESTES — Todos os serviços de funilaria, antes de aceitos, deverão ser testados, quanto ao seu funcionamento.

Teste de vazamento — Fecham-se os bocais; enche-se de água a calha e verificamos os pontos de vazamento.

Teste de caimento — Verificar se há água parada junto aos bocais (deve-se evitar que haja).

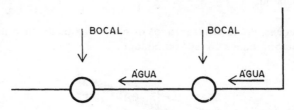

CALHAS DE BEIRAL — Serão fixadas por prego, na parte interna do madeiramento do telhado; a sustentação das mesmas será feita por escápulas de ferro de 1 1/8" × × 1/4", tendo a forma externa da calha e distanciadas entre si de 1 m.

CALHAS DE PLATIBANDA — Serão fixadas na alvenaria sem pregos por meio de uma pequena dobra que nela se embute e é rematada pelo revestimento da platibanda.

RINCÃO — Será fixado por pregos ao madeiramento e deverá ficar suficientemente recoberto por telhas.

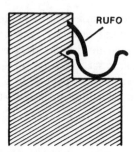

BOCAIS — Fixados por engarrafamento, soldagem. A sua conexão com condutor será por junta de asfalto (Fig. 6.81).

JUNTA DE DILATAÇÃO — Nas chapas de ferro galvanizado (flandres) serão previstas juntas de dilatação, com engarrafamentos convenientemente dispostos a cada 20,0 cm e nas de cobre, a cada 10,0 cm.

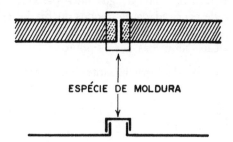

DECLIVIDADE — Nas calhas em direção aos bocais deve haver uma declividade de 0,5%, no mínimo.

Recomendações: Procurar fazer todos os escoamentos de condutos verticais em ângulo de 45° ou 60°, nunca em 90° ou de topo.

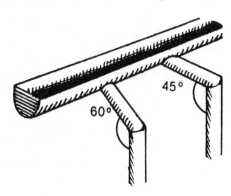

Bibliografia

Livros

1) CARICCHIO, Leonardo Mário — *Construção civil*, 3 vols.
2) ALBUQUERQUE, Alexandre — *Construção civil*
3) PIANCA, João Batista — *Manual do construtor*, 2 vols.
4) BORGES, Alberto Campos — *Prática das pequenas construções*, 2 vols. Editora Edgard Blücher Ltda.
5) CARDÃO, Celso — *Técnica da construção*, 2 vols., Edições Arquitetura e Engenharia, Belo Horizonte, MG, 1969
6) Manual do engenheiro — Editora Globo
7) BAND, G. — *Manual de construção*, 2 vols.
8) L'HERMITO, Robert — *Ao pé do muro* — Senai
9) CAPUTO, Homero Pinto — *Mecânica dos solos*, 2 vols., Ao Livro Técnico S.A., Rio de Janeiro, RJ, 1972
10) Senai — *Alvenaria*
11) SENNA, P.; MENEGALE, H.; e KOCH, K. — *Pedreiro*, Editora Expressão e Cultura — Instituto Nacional de Livro-MEC, 1973
12) MILA, Ariosto — *O edifício* — *relação entre projeto e construção*

Revistas, publicações técnicas e teses

1) MILA, Ariosto — "Técnica de construção no problema da construção", tese de
2) MILA, Ariosto — "Sistematização no planejamento arquitetônico", tese de
3) Caterpillar Brasil S.A. — "Princípios básicos de terraplenagem", 2.ª edição
4) Associação Brasileira de Cimento Portland — "Boletim de informações" n.º 50, 1940
5) Secretaria de Obras do Estado do Rio de Janeiro — Departamento de Engenharia — "Caderno de encargo"
6) GOLOMBEK, Sigmundo — "Curso de fundações", Sondotécnica Engenharia de Solos S.A., Rio de Janeiro, RJ
7) Secretaria de Obras e Meio Ambiente, do Governo do Estado de São Paulo — "Manual Técnico do DOP"
8) Boletins da ABNT

Índice

Adensamento, 76
Águas, 154
Águas pluviais, 173
Alojamento, 22
Alvenaria, 125
Amassamento, 65
Ancoragem, 81
Anteprojeto, 9
Areia, 20
Armadura, 78

Bandeja, 176
Bate-estaca, 35
Beiral, 174

Cal, 22
Calços, 87
Calhas, 174
Canteiro de obras, 17
Cantoneiras, 87
Carpir, 2
Ciclo, 13
Cimento, 22
Circulação, 23
Cisterna, 17
Cobertura, 153
Concreto, 53
Construção civil, 1
Contraventamento, 151
Cortes, 10
Cronograma, 10
Chapuz, 87
Cunhas, 87
Cura, 78

Dosagem de concreto, 57
Destocar, 2
Detalhes, 10
Draglines, 15

Edifício, 1
Emendas, 82
Escoramento, 145
Escoras, 87

Escritório, 22
Espaçadores, 88
Especificações, 11
Estacas, 36
Estruturas, 10
Estudos preliminares, 2

Fachadas, 10
Ferro, 22—91
Fôrmas, 82
Fundações, 29—91
Funil, 175

Gravatas, 87, 108

Instalação elétrica, 10
Instalação hidrossanitária, 10

Janelas, 88
Juntas, 75

Lançamento do concreto, 74
Levantamento plano-altimétrico, 2
Ligação de água, 17
Ligação elétrica, 20
Limpeza do terreno, 2
Locação de obra, 24

Madeira, 22
Mão-francesa, 150
Memorial, 11
Misturadores de concreto, 66
Montantes, 87
Movimento de terra, 12

Obra, 1
Orçamento, 11

Padrão de qualidade, 65
Painéis, 84—119
Pás mecânicas, 14
Pedra britada, 22
Pés-direitos, 87
Planta, 9

182

O EDIFÍCIO ATÉ SUA COBERTURA

Poço de exploração, 4
Pregos, 90
Produção, 14
Projeto, 9
Pontalete, 87

Rabo-de-pato, 153
Radier, 34
Refeitório, 22
Rincão, 174
Roçar, 2

Sambladura, 142–150
Sanitários, 23
Sapatas, 29
Sondagens, 4–6

Talas, 87
Telhado, 142
Telhas, 157
Tempo fixo, 13
Tempo variável, 13
Terraplenagem, 12
Tijolos, 125
Transporte de concreto, 70
Travamento, 88
Travessas, 84
Travessões, 85
Traxcavators, 15
Trabalhos diversos, 47
Tubulões, 47

Agradecemos à

Associação Brasileira de Cimento Portland, São Paulo, por nos permitir incluir as figuras 4.8, 4.9, 4.10, 4.11, 4.13, 4.14, 4.15, 4.16, 4.17, 4.18, 4.19, 4.21, 4.22, 4.23, 4.24, 4.25, 4.26, 4.27, 4.28, 4.29, 4.30, 4.31, 4.32, 4.33 e 4.34, que foram reproduzidas do Boletim de Informações n.º 50 — "Formas de Madeira para Estruturas de Concreto de Edifícios Comuns"

S. A. Tubos Brasilit, São Paulo, por nos permitir incluir as figuras 6.56, 6.57, 6.58, 6.59, 6.60, 6.61, 6.62, 6.63, 6.64, 6.65, 6.66, 6.67 e 6.68, que foram reproduzidas do manual "Chapas onduladas"

Livros Técnicos e Científicos Editora S. A., Rio de Janeiro, por nos permitir incluir as figuras 1.4, 1.5, 1.6a, 1.6b, 1.7, 1.8 e 1.9, que foram reproduzidas do livro "Mecânica dos solos e suas aplicações" de Homero Pinto Caputo

Caterpillar Brasil S. A., São Paulo, por nos permitir incluir as figuras 2.1, 2.2, 2.3 e 2.4, que foram reproduzidas do manual "Princípios básicos de terraplenagem"

Editora Expressão e Cultura, por nos permitir incluir as figuras 2.10 e 2.14, que foram reproduzidas do livro "Pedreiro"